60分でわかる！ THE BEGINNER'S GUIDE TO 5TH GENERATION

5G
ビジネス最前線

佐野正弘 著

技術評論社

Contents

Chapter 1
今さら聞けない！ 5Gの基本

001	5G（第5世代移動通信システム）とは?	8
002	5Gの特徴①高速大容量通信	10
003	5Gの特徴②低遅延	12
004	5Gの特徴③多数同時接続	14
005	5Gで社会と生活がどう変わる?	16
006	1Gから4Gまでの歴史	18
007	5Gの通信規格は誰が決めているのか?	20
008	海外では2019年に始まっている5Gサービス	22
009	多くの国が5Gサービスの開始を前倒しした理由	24
010	5Gをめぐってなぜ米中が争うのか?	26
011	日本国内での5Gの展開予定	28
012	5Gで日本は何をしようとしているのか?	30
013	今までとは違う5G対応スマートフォン	32
Column	もう1つの高速無線通信規格「Wi-Fi 6」とは?	34

Chapter 2
今すぐ知りたい！ 5Gで変わる生活やビジネス

014	スマートフォンの動画配信は4K・8Kがあたりまえの時代に	36
015	5Gの高速大容量通信が「XR」の普及を加速する	38
016	臨場感が伝わるスポーツ観戦	40
017	自動運転で車社会が大きく変わる	42
018	遠隔医療で実現される高水準な医療	44

019	クラウドゲームとeスポーツが本格化 …………………………… 46
020	ますます加速する第4次産業革命……………………………… 48
021	建設機械の無人運転が建設業界の救世主に ………………… 50
022	農業や漁業のデジタル化を加速 ……………………………… 52
023	街全体をスマート化するスマートシティを推進 ……………… 54
024	防災から警備、配達まで何でもこなせる5G搭載ドローン ……… 56
025	新しい価値を生み出すデバイスが次々と登場 ………………… 58
026	デバイス+AIエージェントで新AI時代を切り開く ………………… 60
Column	モバイル通信対応機種が増加5G時代に向け変化するパソコン ……… 62

Chapter 3
そうだったのか! 5Gを支える技術

027	新しい無線アクセス技術 「5G NR」 …………………………… 64
028	5Gで使われる周波数帯 「サブ6」 と 「ミリ波」 ……………… 66
029	「スタンドアローン」（SA）と「ノンスタンドアローン」（NSA）の違い ……68
030	4Gで主流の「FDD」と5Gで主流の「TDD」との違いとは? ……70
031	4Gに続いて5Gを支える「OFDM」と将来を支える「NOMA」……72
032	高い周波数の電波を端末に届ける「ビームフォーミング」……74
033	複数のアンテナで高速・安定通信を実現する「Massive MIMO」……76
034	大容量通信に有効な 「スモールセル」 と重要な設置場所……78
035	クラウド+エッジサーバーで「モバイルエッジコンピューティング」……80
036	サービスや用途ごとにネットワークを区切る「ネットワークスライシング」……82
037	汎用サーバーでネットワークを実現する 「NFV」 ……………… 84
038	複数ベンダーの通信機器を混在できる「O-RAN」……………… 86
039	特定の場所や用途で使われる「ローカル5G」………………… 88

040　「プライベートLTE」から見えるローカル5Gの可能性 ········· **90**

Column　すでにあるIoT向けネットワーク「LPWA」とは ············ **92**

Chapter4
世界中が注目!　5Gを取り巻くベンダーやキャリア

041　携帯電話業界を取り巻く「ベンダー」「メーカー」「キャリア」 ······· **94**

042　米中摩擦で不透明感漂う中国勢 ············ **96**

043　5Gでのビジネス拡大を狙う北欧勢 ············ **98**

044　早期展開で5Gの主導権を狙う米国キャリア ············ **100**

045　世界初の商用化にこだわる韓国キャリア ············ **102**

046　世界初よりサービス開発重視のNTTドコモ ············ **104**

047　広いエリアで地方でのビジネスを強化するKDDI ············ **106**

048　都市部主体でIoTに活路を見出すソフトバンク ············ **108**

049　ネットワーク仮想化で5Gに挑む楽天モバイル ············ **110**

050　モデムチップが左右する5Gスマートフォンの動向 ············ **112**

051　5G時代のSnapdragonに注目が集まるクアルコム ············ **114**

052　モデム開発の遅れで戦略転換を余儀なくされたインテル ······ **116**

053　5G対応iPhoneのため戦略転換を図ったアップル ············ **118**

054　絶好調から一転、暗雲が漂うファーウェイ・テクノロジーズ ········· **120**

055　5G対応スマートフォンを積極投入するサムスン電子 ········· **122**

056　台頭する中国メーカー OPPO ／ vivo ／シャオミ ············ **124**

057　見通しの厳しい日本メーカー ソニー／シャープ ············ **126**

058　5Gに向けて求められるサービス開発 ············ **128**

059　ソフトバンクとトヨタ自動車がモネ・テクノロジーズを設立 ····· **130**

060　クラウドゲーミングの覇権を狙うGoogle vs ソニー ＆Microsoft ········· **132**

Column 不安が残るスタートとなった楽天モバイル …………………………**134**

Chapter5
どうなる!?　5Gが実現する未来と課題

061 5Gの理想と現実①　開始当初は「高速大容量」のみ………**136**

062 5Gの理想と現実②　5Gのエリアはすぐには広がらない ……**138**

063 5Gの理想と現実③　国が推進する「スマホ値引き規制」が普及を妨げる…**140**

064 5Gの次の標準仕様　「Release 16」とは?………………………**142**

065 5Gで進むキャリア同士のインフラシェアリング……………………**144**

066 5G対応スマートフォンはいつ安くなる?………………………………**146**

067 5GでもMVNOのサービスは使えるのか? ……………………………**148**

068 5GとともにeSIMが普及するのか? ……………………………………**150**

069 光回線不足が指摘されるダークファイバー問題とは? …………**152**

070 商用サービス開始前に5Gを体験するには?…………………………**154**

071 さらなる未来のモバイル通信「6G」とは?…………………………**156**

索引 ………………………………………………………………………………**158**

■ 『ご注意』ご購入・ご利用の前に必ずお読みください

　本書に記載された内容は、情報の提供のみを目的としています。したがって、本書を参考にした運用は、必ずご自身の責任と判断において行ってください。本書の情報に基づいた運用の結果、想定した通りの成果が得られなかったり、損害が発生しても弊社および著者はいかなる責任も負いません。

　本書に記載されている情報は、特に断りがない限り、2019年12月時点での情報に基づいています。サービスの内容や価格などすべての情報はご利用時には変更されている場合がありますので、ご注意ください。

　本書は、著作権法上の保護を受けています。本書の一部あるいは全部について、いかなる方法においても無断で複写、複製することは禁じられています。

　本文中に記載されている会社名、製品名などは、すべて関係各社の商標または登録商標、商品名です。なお、本文中には ™ マーク、® マークは記載しておりません。

Chapter 1

今さら聞けない!
5Gの基本

001
5G（第5世代移動通信システム）とは？

社会を大きく変える可能性を秘めた第5世代のモバイル通信規格

最近、「5G」という言葉が大きな話題となり、関心が高まっています。5Gとは「5th Generation」の略で、**第5世代のモバイル通信規格のこと**です。携帯電話の通信規格は約10年ごとに新規格への入れ替えが進められており、現在主流の「4G」に代わる通信方式として、5Gへの移行が進められようとしています。

海外の一部の国では2019年からサービスが始まっており、日本でも2020年の商用サービスが予定されている5Gですが、その5Gが注目されるようになった理由は、3つの特徴にあります。

1つは、**4Gより100倍通信速度が速い「高速大容量通信」**です。それに加えて**ネットワークの遅れが小さい「低遅延」**、そして**多数の機器を同時に接続できる「多数同時接続」**といった、従来にはない2つの特徴を実現しています。

これらの特徴によって、5Gは携帯電話やスマートフォンだけでなく、あらゆる機器をインターネットに接続する、**IoT（Internet of Things）向けのネットワーク**として利活用されることが期待されています。IoTの利活用が広まると、将来的には家電や自動車、さらには道路など、社会を支えるあらゆる機器やインフラが、インターネットとつながるようになると考えられています。

そうしたことから、5GがIoTを支えるネットワークとなることで、従来のコミュニケーションだけでなく、社会全体を支えるインフラとなる可能性が出てきたことから、5Gに対する注目が急速に高まっているわけです。

5Gが持つ3つの特徴

高速大容量

現在の移動通信システムより100倍速いブロードバンドサービスを提供

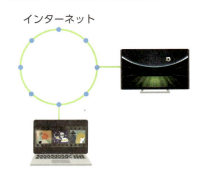

低遅延

利用者が遅延（タイムラグ）を意識することなく、リアルタイムに遠隔地のロボットなどを操作・制御

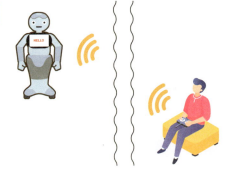

多数同時接続

スマートフォン、パソコンを始め、身の回りのあらゆる機器がネットに接続

▲3つの特徴のうち、とくに「低遅延」と「多数同時接続」は社会的なインパクトが大きく、私たちの生活も大きく変わる可能性がある。

※総務省が公開している「2020年の5G実現に向けた取組」を参考に作成
（http://www.soumu.go.jp/main_content/000593247.pdf）

002

5Gの特徴①高速大容量通信

2時間映画のダウンロードがわずか数秒で

　5Gが4Gまでと大きく異なる特徴の1つは、従来より一層の**「高速大容量通信」**ができることです。

　どれくらい高速なのかというのは、数字を見れば一目瞭然です。2019年現在、国内の4Gによる通信サービスで、最も高速なNTTドコモの「PREMIUM 4G」を見ると、理論値で受信時最大1.576Gbps、送信時最大131.3Mbpsとなっています。しかし5Gでは、**理論値で最大20Gbps**と、けた違いの通信速度を実現するというのです。

　もちろんこれはあくまで理論上の最大速度なので、実際の通信速度は遅くなりますが、それでも5Gは、通常時でも**1Gbps近い受信速度を実現**するといわれているほど性能が高いのです。

　通信速度が速ければ、当然ながらファイルのダウンロードなどは非常に高速になります。たとえば4Gでは、2時間の映画データをダウンロードするのに数分はかかっていたのが、5Gでは数秒で終わってしまうというのですから驚きです。

　それゆえ5Gでは、同じ動画配信でも2Kから4K、**8K**と、**より精細な映像の配信**ができるようになるでしょうし、VR（仮想現実）などの新しいサービスの実現にも影響を与えるとされています。

　また高速大容量通信は、単に通信速度を速くするだけではありません。通信容量の増加は、一度に通信できる量が増えることにもつながってきます。たとえば大都市のように人が多く、ネットワークが混雑しやすい場所であっても、5Gが導入されることで通信速度が大幅に向上するというメリットも得られるわけです。

4Gと5Gのスピード比較

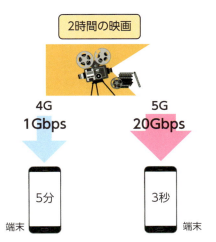

▲4Gで5分はかかっていた映画のダウンロードが、5Gでは3秒でできるとされている（理想的な環境の場合）。

大容量通信は混雑時に大きなメリット

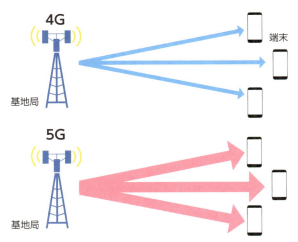

▲通信容量がアップすることで、混雑時の通信速度が4Gよりも向上する。

003

5Gの特徴②低遅延

医療や自動運転の遠隔操作が本格的に実現

　5Gの2つ目の特徴は「**低遅延**」です。ここでいう遅延とは「ネットワーク遅延」のことを指します。機器どうしをつなぐネットワークの距離が長いことで送受信に遅れが生じてしまうのが、遅延が起きる主な要因とされています。

　たとえばLINEやSkypeなど、インターネットを経由した通話やビデオ通話したことがある人は、相手との会話にずれが生じて話がかみ合わないという経験をしたことがある人も多いかと思います。これこそがまさにネットワークの遅延の影響なのです。

　しかし5Gでは、そのネットワーク遅延が非常に小さくなる設計がなされています。4Gのネットワーク遅延が10ミリ秒未満とされているのですが、**5Gではそれが1ミリ秒**と、数値だけを見ても大幅に減少していることがわかります。

　この低遅延によって何ができるのかというと、自動運転や遠隔医療などの実現です。自動車を例に、その理由を説明しましょう。高速道路を走っている自動車を遠隔で操作する場合、遅延によって少しでも操作の反映がずれてしまうと、そのずれによって車が想定外の動きをし、大事故を起こしかねません。それだけに、**低遅延は遠隔で何かを操作するシステムには必要不可欠**なのです。

　そしてもう1つ重要なポイントは、5Gが**無線通信と低遅延を両立**していることです。車を遠隔操作するのにケーブルを引くわけにはいきません。無線ネットワークで、なおかつ遅延が非常に小さい5Gは、遠隔操作を実現するうえで非常に重要な存在なのです。

ネットワーク遅延が発生する理由

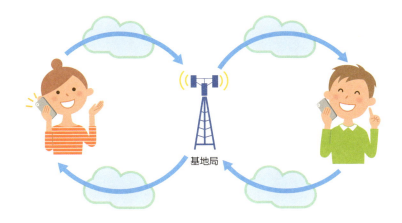

▲主としてインターネットサービスを利用する機器と、サービスを提供するクラウドなどとの距離が遠いことが原因で、ネットワークの遅延が発生する。

遠隔操作では大きな遅延は許されない

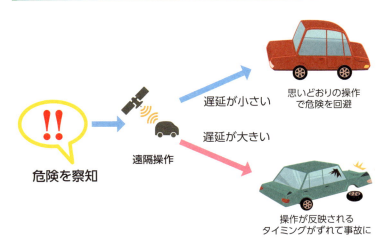

▲遠隔運転をする際、遅延によって操作にずれが生じると事故につながる可能性が高い。

004

5Gの特徴③多数同時接続

LTEの100倍のデバイスがつながる真のIoT時代が到来

　5Gの3つ目の特徴は**「多数同時接続」**です。これは要するに、1つの基地局に対して同時に多数のデバイスが接続できるようになるというものです。5GではLTEの100倍となる、**1平方キロメートル当たり100万台の機器が同時接続**できるとされています。

　しかし、スマートフォンを1人1台使用するというだけなら、これほどこれほど多数の機器を接続する必要はありません。では一体、なぜこれほどの機器を接続する必要があるのかというと、そこには**IoTの存在が非常に大きく影響**しています。

　IoTの概念が広まることで、家電や自動車、街中の電灯に至るまで、ありとあらゆる機器がインターネットに接続するようになるといわれています。それくらい多くの機器をインターネットに接続するため、5Gでは1つの基地局に接続できるデバイスを大幅に増やし、**IoTの広がりに対応できるようにしている**のです。

　しかし一方で、IoTデバイスはスマートフォンと比べデータをやり取りする量は回数が非常に少なく、たとえば通信機能を持った電力などを計測するスマートメーターの場合、1日に数回数値データを送るだけで済んでしまいます。

　そうしたことから5Gでは高速大容量と多数同時接続を一度に実現するのではなく、用途に応じてネットワークを分割する**「ネットワークスライシング」**（P.82参照）という技術を用い、限られたネットワーク資源を、用途に合わせた最適な形に割り当てて活用することが考えられています。

多数同時接続のしくみ

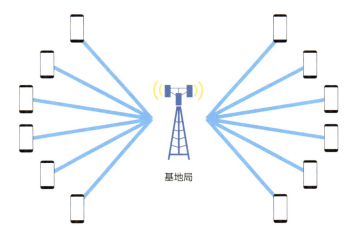

▲5Gでは1つの基地局に多数のデバイスを同時に接続して通信できるようになる。

IoTで何が変わるのか

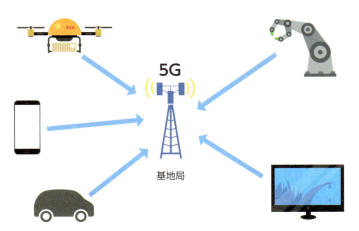

▲IoTによってあらゆるデバイスがインターネットに接続して情報のやり取りをするようになることから、そのネットワークとして多数同時接続の特徴を持つ5Gの利用が期待されている。

005

5Gで社会と生活がどう変わる？

娯楽から社会課題の解決まで幅広い活用が期待される

　5Gが導入されることで我々の生活はどのように変化すると考えられるでしょうか。

　真っ先に考えられるのは、スマートフォンに代わる新しいデバイスの普及が進むことです。実は20Gbpsもの高速大容量通信は、現在のスマートフォンの性能では対応できないくらい高速なのです。

　それゆえ5Gによる高速大容量化が進めば、その大容量通信を有効活用できる**ゴーグル型のVR・ARデバイスなどの普及が進む**可能性は高いでしょうし、それに伴って**360度のライブ映像配信**が楽しめるなど、コンテンツやサービスの形も大きく変わってくると考えられています。

　2つ目は、低遅延がもたらす高信頼性によって、これまで実現は難しいとされてきた、自動運転や遠隔医療など、遠く離れた場所にある機器を**リアルタイムで操作**することが可能になることです。とくに少子高齢化が進む地方では、公共交通や医療機関の減少が大きな問題となっているだけに、5Gはそうした**社会課題の解決**にも影響してくるのです。

　そして最も大きな影響を与えると見られるのが、多数同時接続によるIoTの本格普及によって、農業や工業などの**一次・二次産業のデジタル化が急速に進む**ことです。これによって農業や漁業などにもクラウドやAIなどのインターネット技術を活用できるため、従来人間の経験や勘に頼っていた業務を大幅に効率化できるようになることが期待されているのです。

5Gで実現する社会

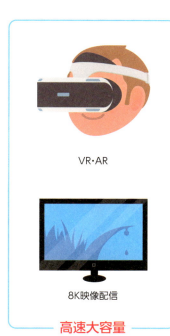

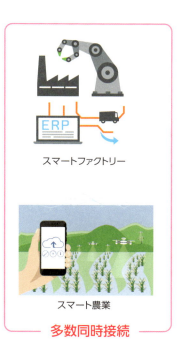

▲「高速大容量」「低遅延」「多数同時接続」といった5Gの特徴は、VRや自動運転、スマート農業など新しい技術の実現を大きく後押しすることになる。

006

1Gから4Gまでの歴史

データ通信の進化によって実現した5G

　携帯電話の通信規格はこれまで、年々増大する通信トラフィックに対処するべく、約10年ごとに世代をアップデートしてきました。

　最初に導入された「1G」は、無線による音声通話を実現した初めての通信方式です。かつてのテレビやラジオなどと同様、アナログで情報をやり取りするしくみでしたが、利用者の増大に伴い、デジタル化が進められました。

　次の世代となる「2G」では通信のデジタル化によってデータ通信が利用できるようになり、「iモード」に代表される**携帯電話上でインターネットが利用**できるサービスが実現しました。これによって、携帯電話の通信方式は音声からデータ通信へと、徐々に力点を移していくことになります。

　実際、「3G」では音声通話よりもデータ通信が重視されるようになり、従来より高速なデータ通信ができるしくみが導入されました。加えてアップルの「iPhone」に代表されるスマートフォンが登場したことで、**データ通信の利用が一層拡大**することとなります。

　そして「4G」では、携帯電話のネットワーク自体をすべてデータ通信で処理する仕様となり、**音声通話をデータ通信で行う「VoLTE」（Voice over LTE）**が導入されるなど、音声通話とデータ通信の比重が完全に逆転するに至っています。

　5Gはそうした**4Gの技術をベース**に、増大するトラフィックに対応できるよう一層の高速大容量通信を実現しながら、ほかの要素も付加した高度なネットワークへと進化しているのです。

1Gから4Gまでの変化

▲無線で電話ができることが驚きをもたらした1Gの時代から、約30年で携帯電話は劇的な進化を遂げている。

007

5Gの通信規格は
誰が決めているのか?

標準化をめぐって複数の企業・団体がしのぎを削る

前項で触れたとおり、携帯電話の通信規格には1Gから5Gの世代が存在しましたが、実際に通信するためのしくみをめぐっては、**5Gに至るまで紆余曲折**がありました。

1Gの時代には日本、米国、欧州など国によって通信規格が大きく異なっていましたし、2Gの時代には日本では「PDC」、米国や韓国では「cdmaOne」、欧州などそれ以外の多くの国では「GSM」という方式が主に用いられていました。

3Gの時代に入ると通信規格をめぐる争いが激化し、日本や欧州の企業が主体で開発した「W-CDMA」方式と、米国のクアルコムが主体となって開発された「CDMA2000」方式が、各国での採用をめぐって激しい争いを繰り広げていたのです。

そしてこのとき、W-CDMA方式の標準化を推し進めたのが**「3GPP」**という団体、CDMA2000方式の標準化を推し進めたのが**「3GPP2」**という団体であり、この**通信方式をめぐる争いに勝利したのがW-CDMA陣営の3GPP**でした。4Gでは3GPPが標準化を推し進めた「LTE-Advanced」という通信方式が世界各国の携帯電話会社に採用されたことから、それ以後は**3GPPが携帯電話の通信規格の標準化を推し進める**ようになったわけです。

そして5Gの通信規格**「5G NR」**についても、3GPPが標準化を推し進めており、**2017年末に5G NRの標準化が完了**したことで、当初予定より早い時期から5Gの商用サービスを提供できるようになったのです。

1Gから5Gまでの通信規格の変化

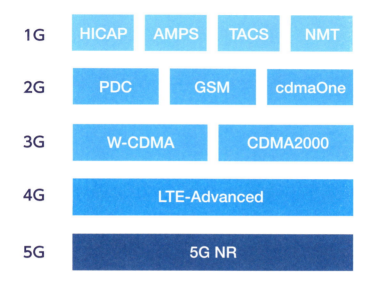

▲以前は国や地域によって大きな違いがあった携帯電話の通信規格も、長い歴史の間にさまざまな競争を経た末、4G、5Gでは世界的に通信規格が統一されている。

通信規格の仕様を標準化する3GPP

| 3GPP | 3GPPは、3rd Generation Partnership Projectの略称で、各国標準化機関によるプロジェクト名である。日本ではARIB（一般社団法人・電波産業会）やTTC（一般社団法人・情報通信技術委員会）、また通信事業者などがプロジェクトに参加している。 |

008
海外では2019年に始まっている 5Gサービス

世界の主要各国が商用サービス実施を競う

　日本では東京五輪に合わせ、2020年の商用サービス開始を予定している5Gですが、実は**海外の多くの国ではすでにサービスが始まっている**のです。

　最初に5Gのサービスを始めたのは米国のベライゾン・ワイヤレスで、2018年10月という早い時期でしたが、このときは据え置き型のWi-Fiルーターに向けた、固定回線の代替となるサービスでした。5Gが標準化していない状態で一部独自仕様も含んでいたことから、純粋な5Gというわけではありませんでした。

　純粋な5Gの仕様による、スマートフォンなどでも利用できる**5Gの商用サービスが始まったのは2019年4月**です。同じく米国のベライゾン・ワイヤレスと、韓国のSKテレコム、KT、LG ユープラスの3社がほぼ同時に5Gの商用サービスを開始しています。そしてこのときは、米韓双方の企業ともに、「世界初」の称号を獲得するべく当初の予定を大幅に前倒ししてサービスを開始するなど、激しい競争を繰り広げたことでも大きな話題となりました。

　その後2019年6月にはスイスのスイスコムが、欧州で初めて5Gの商用サービスを開始しました。ほかにもいくつかの国が2019年内のサービス開始を予定しており、**世界の主要各国がこぞって2019年に商用サービスを開始**しているのです。

　そうした背景もあり、当初から東京五輪に合わせて商用サービスを開始するという方針を決めていた日本は、**諸外国より5Gの導入が1年以上も遅れてしまっている状況**なのです。

世界各国の5G商用サービス開始状況

▲5Gの商用サービスは米国と韓国で2019年4に開始。欧州でもスイスコムを始め、いくつかの国で5Gの商用サービスを開始するなど、世界的にはすでに5Gのサービスが始まっている。

5G対応スマートフォンも登場

▲5Gの商用サービスが始まっている国では、サムスン電子の「Galaxy S10 5G」などいくつかの5Gスマートフォンがすでに提供されている。

009
多くの国が5Gサービスの開始を前倒しした理由

IoTへの期待感が5Gの普及を後押し

2019年の商用サービス開始が相次ぐ5Gですが、もともと海外の多くの企業は、5Gの導入をあまり急いでいませんでした。むしろ2020年の商用サービスを予定していた**日本が「早すぎる」**といわれていたくらいです。

それがここ1、2年のうちに、各国の携帯電話会社が先を争って5Gの商用サービス開始を急ぎ、先行していたはずの日本が出遅れるに至ったのはなぜかというと、それは5Gが持つ「低遅延」「多数同時接続」にあるといえるでしょう。

元来5Gは、通信トラフィックが増える今後を見越して**高速大容量化を実現するために策定**されたもので、低遅延や多数同時接続といった特徴は、どちらかといえば**モバイルネットワーク利用の将来を見越して付加された機能**でした。

それゆえ大容量通信が広く普及している日本や韓国の携帯電話会社は5Gに積極的に取り組んでいたのですが、欧州など4Gの導入を始めたばかりの国の携帯電話会社は、短期間で機器の入れ替えが必要になり、**コストがかさむ5Gの導入に消極的**でした。

しかし、その後IoTの概念が急速に広がり、低遅延や多数同時接続といった特徴を持つ5Gが、**IoT向けのネットワークとして本命視**されたことで状況は一変しました。5Gが社会を支える重要なインフラになり、大きなビジネスチャンスが生まれると判断した国が急増し、多くの国の携帯電話会社が5Gの導入を大幅に前倒しするに至ったのです。

元来5Gに熱心だったのは五輪開催の日本と韓国

▲平昌冬季五輪大会で実施された5Gの実証デモ。5Gに熱心だったのは、2018年に冬季五輪が開催された韓国と、2020年に五輪が開催される日本のみといってよい状況だった。

IoTへの期待で高まる5Gへの関心

▲2019年2月に実施された「MWC 2019」の、ノキアブースにおけるスマートファクトリーのデモ。IoTによるスマートファクトリーやスマートシティなどの実現が、5Gの商用化を前倒しするきっかけとなった。

010
5Gをめぐって
なぜ米中が争うのか?

安全保障の面で中国の影響が大きくなることを懸念

重要な社会インフラとして注目されている5Gですが、そのため国家間の競争にも大きな影響を及ぼしているようです。それを象徴しているのが、**米国と中国の5Gをめぐる摩擦**です。

実際米国の商務省は、中国の通信機器ベンダーに相次いで制裁を科しています。2018年には中国の通信機器大手である中興通訊（ZTE）が、2019年には同業のファーウェイ・テクノロジーズが、政府の許可がなければ米国企業と取り引きできなくなるという措置を受けています。さらに日本などの同盟国に対しても、中国ベンダー製の通信機器採用を自粛するよう要請もしているようです。

なぜ米国は、中国メーカーに対してそれだけ厳しい措置を実施するのかといえば、5G時代に同盟国ではない中国の通信機器メーカーが、自国ならびに同盟国に入り込むことで、**安全保障上大きな影響が出ることを懸念**しているのです。

実は中国の通信機器メーカーはここ数年で世界的にシェアを拡大し、大きな存在感を示すようになっています。実際、制裁前はファーウェイが通信機器市場で1位、ZTEが4位のシェアを獲得していましたし、ファーウェイはスマートフォンでも2位のシェアを獲得している状況です。

それだけに、スマートフォンだけでなく社会全体を支えるネットワークとなる5Gに、中国メーカーが入り込むことを懸念したといえるでしょう。こうした事例を見ればわかるとおり、5Gはすでに**国家にとって重要な存在**となりつつあるのです。

5Gをめぐって米中の対立が加速

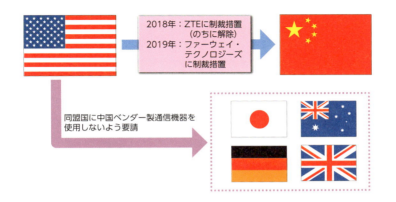

▲米国はモバイルインフラを担う中国のZTEやファーウェイ・テクノロジーズに相次いで制裁措置を実施、さらに同盟国に中国ベンダー製の通信機器を使用しないよう要請もしている。

携帯電話基地局の市場シェア（2017年）

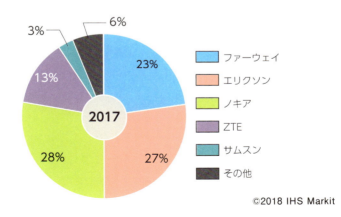

©2018 IHS Markit

▲2017年時点の携帯電話基地局市場シェアは、ファーウェイが1位、ZTEが4位となっている（英IHSマークイット調べ）。

011

日本国内での5Gの展開予定

プレサービスから開始して準備も万全

　日本での5Gの展開スケジュールはどのようになっているのかというと、2020年の商用サービス開始に向け、各社が着々と準備が進められている状況のようです。

　5Gのサービスを開始するうえで必要な電波は、2019年4月に免許の割り当てを実施しました。**NTTドコモ、KDDI、ソフトバンク**、そして2019年10月に携帯電話事業者として新規参入した**楽天モバイル**に対し、**5G用の周波数帯の電波免許**がすでに割り当てられています（P.31参照）。

　そこで各社は商用サービスに向けた準備として、2019年に5Gのプレサービスを次々と展開しています。実際、ソフトバンクは2019年7月の「FUJI ROCK FESTIVAL '19」、NTTドコモは、2019年9月のラグビーワールドカップ、KDDIは2019年11月に東京モーターショーに合わせる形でプレサービスを開始しました。

　そして2020年の春、具体的には3月末頃までには3社が、6月には楽天モバイルが5Gの商用サービスを開始予定です。東京五輪までには5Gのサービスが本格的に利用できるものと考えられます。

　ただし当初から5Gの性能をフルに活用できるわけではないことには注意する必要があります。当面は4Gのネットワーク上で5Gによる通信が使える**「ノンスタンドアローン」方式**での運用となり、5G専用のネットワークで動作し、低遅延など5Gの真の力が発揮できる**「スタンドアローン」での運用は、2021年なかば頃が予定**されているようです。

国内の5Gに関する主なスケジュール

2019年	4月	NTTドコモ、KDDI、ソフトバンク、楽天モバイルの4社に5G電波免許割り当て
	7月	ソフトバンクが5Gプレサービスを実施
	9月	ラグビーW杯開催　NTTドコモが5Gプレサービスを開始
	10月	楽天モバイルが携帯電話会社として新規参入
	11月	KDDIが5Gプレサービスを開始
2020年	3月	NTTドコモ、KDDI、ソフトバンクが5G商用サービスを開始予定
	6月	楽天モバイルが5G商用サービスを開始予定
	7月	東京五輪開催予定
2021年	中盤	各社が5Gのスタンドアローン運用開始予定

▲日本では2019年4月に5Gの電波免許割り当てが実施され、各社が7〜9月にかけてプレサービスを実施。2020年3月より順次商用サービスを開始する予定だ。

NTTドコモが実施した5Gプレサービス

▲NTTドコモはラグビーワールドカップに合わせて5Gのプレサービスを開始。2画面スマートフォンを用いたマルチアングル視聴や、5Gによる高精細映像伝送を活用したライブビューイングなどを実施している。

012
5Gで日本は
何をしようとしているのか?

地方を中心とした社会課題の解決に利用

　5Gで実現するとされるサービスの中でも、日本政府が重視しているのは**「社会課題の解決」**と**「地方創生」**です。

　多くの人がご存知のとおり、日本は少子高齢化の進行による労働人口の減少などが問題視されています。中でもその影響を大きく受けているのが、人口減少が著しい地方部です。実際、地方ではすでに公共交通や医療機関が急速に減少するなど、少子高齢化が生活に大きな影響を及ぼすに至っているのです。

　そうしたことから日本政府は5Gを、**地方を中心とした社会課題の解決に活用**することを重視しているのです。その姿勢は、総務省が実施した5Gの電波免許割り当ての指針からも見えてきます。

　従来、電波免許割り当て時の審査基準には人が住んでいる場所をどれだけカバーできるかという**「人口カバー率」**が用いられてきました。しかし5Gの電波割り当てに際して、総務省は全国を10km四方のメッシュに区切り、基地局を接続して増やせる高い性能を持った、その地域の基盤となる**高度特定基地局**を、5年以内に50%以上のメッシュで整備することを評価基準にしたのです。事業の可能性がある場所はしっかりカバーするようにという、国の方針を示しています。

　それゆえ5Gの電波割り当てでは、この評価基準を重視したNTTドコモとKDDIがより多くの周波数帯を獲得した一方、人口カバー率を重視したソフトバンクはより少ない帯域の割り当てにとどまっています。

5Gの免許審査基準となった「メッシュ」とは

▲総務省は、日本全国を10km四方のメッシュに区切り、都市部や地方を問わず事業可能性のある4500のエリアに対し、5年以内に50%以上、高度特定基地局を整備することを求めた（「第5世代移動通信システムの導入のための特定基地局の開設に関する指針について」より）。

5Gの電波割り当て

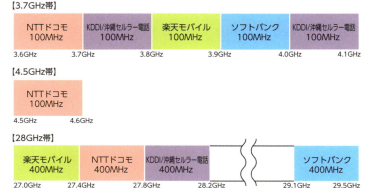

▲総務省 総合通信基盤局による「第5世代移動通信システム（5G）の導入のための特定基地局の開設計画の認定（概要）」の「割当結果まとめ」を参考に作成（http://www.soumu.go.jp/main_content/000613734.pdf）。周波数帯によって2枠が割り当てられている場合もある。

013
今までとは違う
5G対応スマートフォン

折り畳めて高精細な映像を楽しめる

　5Gが日本でも社会に大きな影響を与えるインフラとして重要な存在になろうとしていることはわかったかと思いますが、やはり多くの人が興味があるのは、5Gで普段利用しているスマートフォンが、どのように変化するかということではないでしょうか。

　先にも触れたとおり、5Gの性能は非常に高く、現在のスマートフォンではそれをフルに生かすことができません。5Gはスマートフォンの側にも進化を求めているのです。

　その進化の1つといわれているのが**「折りたたみスマートフォン」**です。これは、1枚のディスプレイを"ぐにゃり"と曲げ、直接折り畳めるスマートフォンのことです。2019年2月にサムスン電子が「Galaxy Fold」、ファーウェイ・テクノロジーズが「HUAWEI Mate X」を発表して話題となったもので、そのインパクトだけでなく、スマートフォンのコンパクトさを失わずに大画面化を実現できることが注目されています。

　実際Galaxy FoldやHUAWEI Mate Xは、折りたたんだ状態では通常のスマートフォンとして利用できる一方、**開くと7インチクラスのタブレットと同じようなサイズ感を実現**します。5Gの高速大容量が生きる**高精細な映像コンテンツなどが楽しみやすくなっている**のです。いまの折りたたみスマートフォンは、実用化されたばかりの段階で値段が高いうえに技術的課題も多いようです。しかし、将来的には低価格が進み、5G時代には多くの人が折りたたみスマートフォンを持ち歩くようになるかもしれません。

今のスマートフォンで5Gはオーバースペック!

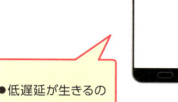

- 8K映像を楽しむには画面が小さすぎる
- 動画以外に高速通信を生かせるサービスがない
- 低遅延が生きるのはゲームくらい
- 片手で持てるサイズに限界があり大画面化が難しい

▲5Gの高速大容量通信などの特徴を生かすには、実はスマートフォンでは性能的に不足している部分が多い。

ディスプレイを折り曲げられるスマートフォン

▲「Galaxy Fold」「HUAWEI Mate X」など、ディスプレイを直接折りたためるスマートフォンが相次いで発表され、5G時代の投入が期待されている。

Column

もう1つの高速無線通信規格 「Wi-Fi 6」とは?

　5Gが大きな注目を集める一方で、ここ最近もう1つの高速無線通信技術が注目を集めるようになってきました。それが「Wi-Fi 6」です。

　Wi-Fi 6とはその名前のとおり「Wi-Fi」の次世代版というべきものです。Wi-Fiは固定ブロードバンド回線を自宅のさまざまな場所で利用するのに用いたり、公衆無線LANサービスで用いたりする無線通信規格ですが、そのWi-Fiも世代によっていくつかの規格が存在しており、Wi-Fi 6はその6世代目に当たる「IEEE 802.11ax」のことを指しているのです。

　このIEEE 802.11axは、理論値で最大9.6Gbpsもの通信速度を実現していますが、より重要なポイントは実際の通信速度にあります。1つ前の世代となる「IEEE 802.11ac」が理論値で最大6.93Gbpsであるのに対し、実際の通信速度は800Mbps程度までといわれていますが、IEEE 802.11axでは理論値こそ大きく変わらないものの、実際の通信速度が1Gbpsを超え、しかも安定した通信速度を実現するとされているのです。

　すでにWi-Fi 6に対応したWi-Fiルーターがいくつか登場しているほか、アップルの「iPhone 11」シリーズがWi-Fi 6に対応するなど、Wi-Fi 6対応のスマートフォンも出てきているようです。

　5Gが登場すればWi-Fiは必要なくなるのでは? という声もあるようですが、進化したとはいえ5Gのネットワークリソースは無限ではなく、Wi-Fiを通じた固定回線へのオフロードは引き続き欠かせないものであることも事実です。それだけにWi-Fi 6は、5Gと競合するのではなく、共存していく存在となるのではないでしょうか。

Chapter 2

今すぐ知りたい!
5Gで変わる
生活やビジネス

014

スマートフォンの動画配信は
4K・8Kがあたりまえの時代に

料金プランも変わり高画質動画コンテンツが楽しみやすく

　5Gによる変化をもっとも実感しやすいのが**動画**です。動画はデータサイズが非常に大きく、4Gのネットワークでも楽しむことはできるものの、再生に時間がかかる、画質が落ちる、そして視聴のし過ぎで月当たりのデータ通信量を消費し、通信速度が大幅に落ちてしまう「ギガ死」などの問題を抱えており、外出先などでは楽しみづらいものでした。

　しかし、5Gでは理想的な環境であれば、2時間の映画が数秒でダウンロードできるようになるといわれていますし、5Gの導入によって**よりデータ通信がしやすい料金プランが実施される**と見られています。5Gが普及した将来は、いまWebサイトや画像を楽んでいるのと同じ感覚で、動画を楽しめるようになるかもしれません。

　しかし、5Gによる動画コンテンツの変化はそれだけにとどまりません。最大で20Gbpsもの高速大容量通信ができることを生かし、**「4K」「8K」といったより高画質の動画コンテンツも楽しみやすくなる**といわれているのです。

　実際NTTドコモは2017年の時点で、シャープとの実証実験により、5Gを用いて12チャンネル分の8Kの映像を伝送することに成功しました。また、2019年にも両社は福島県会津若松市と連携し、5Gによる8Kの高精細映像のライブ伝送に成功しており、5Gを用いた8K映像配信には大きな期待が持たれています。

　それゆえもしかすると、4K・8Kテレビの普及を促進する立役者は、テレビ放送ではなく5Gになるかもしれないのです。

5Gでテレビのあり方が大きく変わる

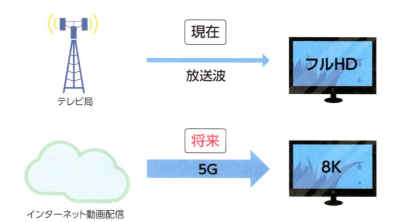

▲5Gによる高速大容量通信が低価格で利用できるようになれば、スマートフォンだけでなくテレビ向けの映像サービスもインターネットサービスが主流になる可能性がある。

シャープの8Kテレビ

▲すでにシャープなどいくつかの家電メーカーが8Kテレビを提供。現在の4Kテレビ並みに価格が下がれば普及も進み、5Gによる映像配信の利用が進む可能性も高い。

015

5Gの高速大容量通信が「XR」の普及を加速する

360度の映像を楽しむには5Gが不可欠

5Gによる高速大容量通信は、コンテンツの形も変える可能性を秘めています。その1つが**「VR」（仮想現実）や「AR」（拡張現実）、「MR」（複合現実）など「XR」と呼ばれる技術**です。

VRは専用のゴーグルなどを装着し、コンピューターが作り出した空間を体感する技術です。最近ではVRを活用した映像サービスや、アミューズメント施設なども登場しています。

ARは、カメラなどで映し出した現実世界の風景に、情報を付与するという技術です。現実にポケモンがいるかのような感覚でゲームが楽しめる「ポケモンGO」で注目されました。

そしてMRは、ARとVRの技術を組み合わせ、現実にはないものを現実に存在するかのように映し出す技術です。Microsoftのヘッドセット「HoloLens」がその代表例として知られています。

なぜXRが5Gの高速大容量通信と関係してくるのかというと、それはコンテンツのデータサイズに理由があります。VRやARは平面のコンテンツと異なり、どの角度からも見られるよう**360度分のデータが必要**なので、その分データが大きくなってしまうことから、配信には高速大容量通信ができる5Gの存在が必要不可欠なのです。

とくにARやMRのコンテンツは今後、眼鏡型の**「スマートグラス」**を装着して楽しめるようになると見られているだけに、外出先で大容量通信ができる5Gの重要性が一層高まると考えられています。将来的には街中で、スマートグラスをかけながらARゲームを楽しむ光景が日常的なものになるかもしれません。

5Gの高速大容量通信を支える「XR」

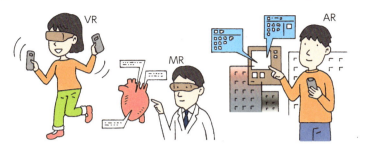

▲技術的に近しい「VR」「AR」「MR」といった技術を、最近ではまとめて「XR」と呼ぶことが多い。

VR映像はデータ量が大きい

▲従来の平面の映像とは異なり、VR映像は360度の視界をすべてカバーする必要があることから、その分必要なデータ量が大きくなる。

XRの利用を広げるスマートグラス

◀眼鏡型のスマートグラスが今後増えることで、スマートフォンよりもARなどのコンテンツ利用が広がる可能性がある。写真はマジックリープ社のスマートグラス「Magic Leap One」。

016

臨場感が伝わるスポーツ観戦

マルチアングル視聴などの新しいスポーツ観戦に期待

　5Gの取り組みで力が入れられている分野の1つに「スポーツ観戦」が挙げられます。日本では東京五輪の開催に合わせて5Gの商用サービスが始まることもあり、5Gを活用した**新しいスポーツ体験の提案**が多くなされているのです。

　実際NTTドコモは、2019年9月よりラグビーワールドカップに合わせて5Gのプレサービスを実施しました。具体的には、全国8会場に5Gのネットワークを用意し、5Gスマートフォンを使って試合をさまざまな視点から楽しんだり、選手の情報を視聴したりする**「マルチアングル視聴」**を提供したほか、会場から離れた場所に、試合の様子を5Gで伝送し、大画面でライブビューイングを楽しむ**「高臨場ライブビューイング」**などを提供しました。5Gを活用して新しいスポーツ視聴体験を楽しめることをアピールしたのです。

　もう1つ、新しいスポーツ観戦体験を提供するという意味で注目されるのが、**5GとXRを組み合わせた取り組み**です。たとえばソフトバンクは2019年3月に、5Gを活用したVRによるプロ野球のマルチアングル試合観戦の実証実験を実施しました。VR空間内でさまざまな視点から試合の観戦を楽しめるだけでなく、VR空間内で離れた参加者と一緒にコミュニケーションしながら試合観戦できるなど、新しい観戦スタイルを実現していました。

　こうした5GとITの組み合わせによって、従来スタジアムや自宅のテレビなどで楽しんでいたスポーツ観戦の形は大きく変わっていくことになるかもしれません。

5GとVRで離れた人と試合観戦

▲ソフトバンクが2019年3月に実施した、5GとVRを活用したプロ野球のマルチアングル試合の実証実験。VR空間上で試合を観戦しながらコミュニケーションができる。

5Gを活用した自由視点映像

▲KDDIが2018年6月に実施した、プロ野球のリアルタイム自由視点映像配信実証実験。タブレットでバッターを自由に視点を切り替えて視聴することができる。

017

自動運転で車社会が大きく変わる

自動運転だけでなく走行中に3Dアバターも登場

　日本では世界的に高いシェアを持つ自動車メーカーが多く存在することもあって、5Gと自動車に関連する取り組みは積極的に進められているようです。

　中でも大きな関心を集めているのが**自動運転**です。5Gのネットワークは遅延が非常に少ないことから、高速走行中に5Gを通じて遠隔で操作することも可能になるとされているだけに、5Gによる自動運転の実現には大きな期待がかけられています。

　実際、2019年2月にはKDDIが愛知県一宮市で日本発の5Gを活用した公道走行の実証実験を実施しました。また、ソフトバンクは2019年6月に、車どうしが5Gで通信する車両間通信によって、先頭のトラックを後続のトラックが追従する**「隊列走行」**の実証実験を実施するなど、5Gと自動運転に関する取り組みは多くの企業が実施しているようです。

　しかし、車に関する取り組みは自動運転だけではありません。たとえばNTTドコモと日産自動車は、車の内外に装着されたセンサーと、5Gを通じて送られたクラウド上のデータを合わせることにより、通常の運転中には見ることのできないカーブの先やビルの裏などの状況をドライバーに伝えたり、スマートグラスを通じて**遠隔地にいる人を車内に3Dアバターとして登場**させ、乗車中にコミュニケーションしたりする**「I2V」**（Invisible-to-Visible）という技術の実証実験を実施しました。5Gは日常の運転も大きく変えようとしているのです。

5Gを用いた公道での自動運転

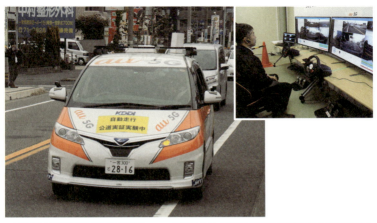

▲KDDIが2019年2月に実施した、5Gによる公道での自動運転車の実証実験。公道を自動走行するだけでなく、5Gを通じて遠隔で運転するデモも実施されていた。

遠くにいる人と一緒にドライブ

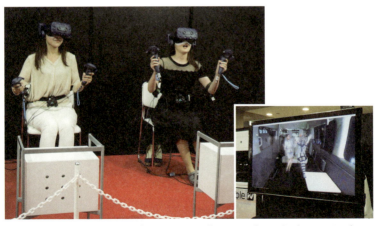

▲NTTドコモと日産自動車が開発している「I2V」のデモ。人がスマートグラスを装着すると遠隔地にいる人が3Dアバターとして登場、会話などをしながら一緒にドライブしている感覚を味わえる。

018
遠隔医療で実現される高水準な医療

遠隔地にいる専門医が現場の執刀医に指示

　自動運転と並んで、5Gによる低遅延が生きる分野として大きな期待が寄せられているのが**遠隔医療**です。とくに大きな期待が寄せられているのは、医師が遠隔地にある医療機器を操作して手術をする"遠隔手術"ではないかと思われますが、そこまで高度なものでなくても、5Gは遠隔医療に大きく貢献する可能性が高いようです。

　たとえばNTTドコモは、2019年1月に和歌山県立医大で5Gによる遠隔医療の実証実験を実施していますが、これは手術ではなく、5Gで**伝送された映像や音声によって患者の状態をチェックする**というものです。5Gの高速大容量通信で4K、8Kといった精細な映像が伝送できるようになったことで、離れた場所にいる医師が患者や患部の詳細な様子をチェックして診断するなど、日常的な遠隔診療が実現できるようになるわけです。

　また、NTTドコモは東京女子医科大学と、より高度な遠隔医療が実現できる**「モバイルSCOT」**の取り組みも進めています。これは災害現場などに持ち込んで高水準な医療が受けられる**「スマート治療室」**を使い、5Gによる**手術の映像や情報を遠隔地にいる専門医が確認しながら、現場の執刀医に指示をする**というものです。これによって専門医がその場にいなくても、高度な手術を実現できることが期待されています。

　とくに地方では、少子高齢化による人口減少で医師不足が深刻な問題となっているだけに、5Gを活用した新しい医療の実現は大いに期待されているようです。

遠隔医療は手術だけではない

5G導入

遠隔診療

遠隔手術

▲遠隔医療と聞けば遠隔での手術をイメージする人も多いが、5G導入当初は高速大容量通信を生かした遠隔診療が中心に展開されると考えられる。

高精細な映像で遠隔医療に貢献

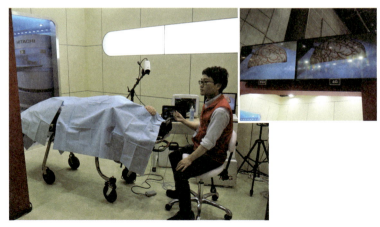

▲NTTドコモが東京女子医科大学と進めている「モバイルSCOT」。5Gで患部を精細な映像で伝送し、離れた場所にいる専門医がそれを確認し、現場の医師に指示をしながら手術を進めるというものだ。

019
クラウドゲームとeスポーツが本格化

少ないネットワーク遅延はゲームに最適

5Gの低遅延がすぐ生かせる分野となりそうなのが"ゲーム"です。中でも5Gが大きな変化を与えると考えられているのが、ここ最近注目が高まっている、ゲームを競技スポーツとしてプレイする「eスポーツ」です。

一般にeスポーツでプレイされている対戦型のゲームは、一瞬の操作が勝負を分けることから、ネットワーク遅延による操作のずれは絶対に許されません。そこで低遅延が生きる5Gが広まることが、対戦型ゲームの拡大、さらにはeスポーツの拡大へとつながると考えられているのです。

実際、NTTドコモは2019年9月に実施された「東京ゲームショウ2019」で、5Gのネットワークを活用したeスポーツの大会を実施するなどして、そのメリットをアピールしています。

そしてもう1つ、5Gで期待されているのが「クラウドゲーミング」です。これは高速なネットワークを活用し、ゲームの処理をすべてクラウドでこなし、その情報を端末に伝送してゲームをプレイするというものです。高性能なゲーム専用機を用意する必要なく、本格的なゲームが楽しめるのがクラウドゲーミングの大きな特徴です。

これまでクラウドゲーミングは、ネットワーク遅延がゲームプレイに大きく影響してくるためあまり普及していませんでした。しかし、Googleの「Stadia」など高性能なクラウドゲーミングサービス、そして遅延が少ない5Gが登場したことで、今後急速に普及する可能性が高まっているのです。

eスポーツで低遅延が必要な理由

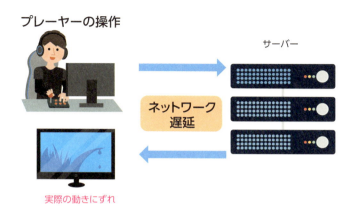

▲eスポーツでプレイされることが多いオンライン対戦ゲームは、ネットワークの距離などで生じる遅延が動きのずれにつながり、それが勝負に大きな影響を与えてしまう可能性がある。

汎用の端末で楽しめるクラウドゲーム

▲高速なネットワークを活用し、クラウド上でゲームを処理し情報だけを端末に伝送することで、高性能なゲーム機を用意する必要なく本格的なゲームが楽しめる。

020

ますます加速する第4次産業革命

5Gの特性をスマートファクトリーに活用

　日本では自動運転などへの活用が注目されている5Gですが、海外での5Gに関する動向を見ていると、その活用が期待される事例として多く挙げられているのが**「スマートファクトリー」**です。

　これはIoTの活用で工場内のあらゆる機器をネットワークに接続してクラウドなどにデータを収集し、それを分析することで機器の状態を"見える化"し、設備を最適化したり、協調して動作させたりすることで、効率化を進めるというものです。ドイツで提唱された**「インダストリー 4.0」（第4次産業革命）を実現するもの**として、取り組みが急速に進んでいます。

　スマートファクトリーで5Gが期待されている役割は、**もちろんIoTデバイスを支えるネットワークとしての活用**です。工場にはさまざまな機器が設置されており、その中で新たにLANケーブルを敷いてIoTデバイスを設置するとなると、敷設やメンテナンスにとても手間がかかります。そこで5Gを活用すれば、配線不要で機器を設置できることから手間が大幅に省けますし、産業用ロボットの制御に生かせる低遅延など、5Gの特性をさまざまな機器に活用できるようにもなります。

　実際国内でも2019年1月に、KDDIとデンソー、九州工業大学が5Gを用いた産業ロボットの制御に関する実証実験を実施。工場内の回線を不要にしてメンテナンスしやすくすると共に、**ロボットの高度な制御も実現**するなど、5Gのメリットをフル活用した取り組みを推し進めています。

期待されるスマートファクトリー

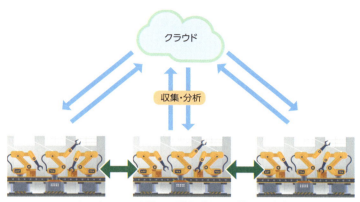

▲スマートファクトリーとは、ネットワークを通じて工場の機器のデータを収集・分析することで、機器を最適化し、機器どうしを協調して動作させたり、連携させたりするものだ。

海外で進められる工場への5G活用

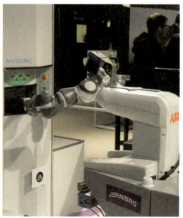
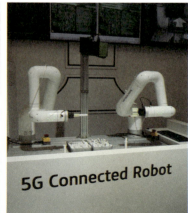

▲海外では日本以上に、スマートファクトリーを中心とした工場での5G活用が関心を集めている。

021

建設機械の無人運転が
建設業界の救世主に

運転手1人で複数台を同時に操作

5Gはあらゆる産業のデジタル化を推し進める**「デジタライゼーション」**に大きく貢献するといわれていますが、そうした業界の1つに挙げられるのが建設業界です。一見デジタルとは縁がないように見える建築業界ですが、それだけに5Gの活用によって、大幅なデジタル化が進むと考えられているのです。

とくに注目されているのが**建設機械の遠隔操作**です。これまで人間が搭乗しなければ運転できなかった建設機械を、5Gの低遅延と、高速大容量通信による高精細な映像伝送によって、離れた場所からでも操作できるようになるのです。

実際、NTTドコモとコマツ、KDDIと大林組、ソフトバンクと大成建設が建設機械の遠隔操作に関する実証実験をすでに実施しています。商用サービス後の活用が大いに期待されているわけです。

建設機械の遠隔操作によって、**運転手1人であらゆる現場の建設機械を、複数台同時に操作することも可能**になります。実際KDDIと大林組が2018年に実施した実証実験では、5Gのネットワークを通じた遠隔操作で、バックホーとダンプを1人で同時に操作することに成功しています。

こうしたしくみが現実のものになれば、**災害現場など人が入ることができない場所での作業が可能**になるのはもちろんのこと、**運転手がおらず作業が進められないという問題を大幅に解消できる**と見られています。人手不足が大きな課題となっている建設業界にとって、5Gは救世主となり得る存在なのです。

5Gによる遠隔操作で建設現場の作業が効率化

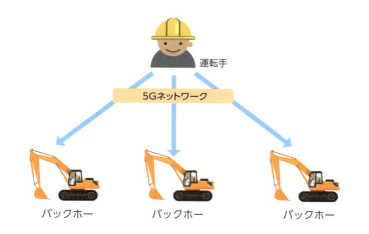

▲5Gの低遅延を生かした遠隔操作の実現で、少ない運転手でも複数の現場の建設機械を操作できるようになり、現場作業の大幅な効率化が進む。

5Gを用いた建設機械の遠隔操作

▲NTTドコモやKDDIなどは、建設機器メーカーやデベロッパーなどと5Gを活用した建設機械の遠隔操作に関する実証実験を実施している。

022

農業や漁業のデジタル化を加速

働き手不足や高齢化問題を解決する可能性も

　5Gによるデジタライゼーションは、あらゆる業界へと波及することが考えられています。その波は、第二次産業だけでなく、**農業や漁業などの第一次産業にも訪れる**と考えられています。

　農業や漁業は自然による影響が大きいため、人の手作業による部分が多い典型的な労働集約型産業で、効率化が進みにくいことから生産性を向上しにくいという問題を抱えていました。

　しかし、5GとIoTの広まりによって、農場や漁場に**センサー**を備えることで日々の気候や水温などの変化を**クラウド**に収集。それを**AI**を使って分析することによって、従来、**経験や勘に頼ってきた種まきや収穫などの時期判断を自動化**できるなど、デジタル化の恩恵を多く受けられるようになると見られています。

　農業や漁業は、働き手の不足に加え就労者の高齢化が著しいこともあって、衰退産業といわれることも少なくありません。しかし5Gによるデジタライゼーションによって、従来、難しいとされてきた**業務の効率化が急速に進む可能性が高い**と考えられています。

　ただ、農業や漁業は人口が少ない地方部で展開されていることが多く、地域によってはネットワーク整備という面で不安があるのも事実です。しかしながら政府は5Gを地方の課題解決に活用する方針を打ち出していることから、農村のように人口が少なくても事業可能性のある場所であれば5Gのエリアカバーが進むことが考えられ、期待は大きいといえそうです。

IoTで進む農業のデジタル化

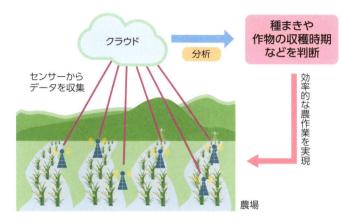

▲5GとIoTによって、多数のセンサーから農場の環境データを収集、それを分析することで日々の変化を把握し、勘に頼っていた種まきや収穫時期の判断などに生かせるようになる。

5Gの制御で実現する農業の無人化

▲ドローンや無人農機を5Gで制御することで、人手要らずの農業が実現できる(出典:総務省「5Gの利活用分野の考え方」より。http://www.soumu.go.jp/main_content/000414038.pdf)。

023
街全体をスマート化する
スマートシティを推進

多くのデバイスを活用するIoTのネットワークを支える本命

　「スマート農業」や「スマートファクトリー」など、ITを活用したデジタライゼーションによって"スマート○○"が進むといわれていますが、その集合体となるのが「スマートシティ」です。

　スマートシティとは、ITを活用することで交通やエネルギーなどの社会基盤の効率化を図る街づくりを進めるというものです。これまで紹介したスマート○○に加え、家々の電力利用状況を把握し、電力を効率よく供給して需給バランスを保つ「スマートグリッド」や、人や車の行動データと、自動運転などの新しい技術で移動の効率化を進める「スマートモビリティ」など、ITを活用したスマート○○の取り組みで、社会課題を解決していくというのがスマートシティの基本的な考え方です。

　そして、スマートシティを実現するうえで最も重要な技術とされているのがIoTです。スマートシティを実現するうえでは、交通や電力など社会インフラに関連するデータを収集し、AI技術などを活用して分析することで課題解決に結びつける必要があるのですが、その膨大なデータを自動的に収集するためには、センサーやメーターなど多数のIoTデバイスを設置する必要があるからです。

　そしてIoTのネットワークを支える本命とされているのが、屋外に設置したデバイスでも利用可能で、なおかつ多数接続に対応して多くのデバイスを同時接続できる5Gなのです。そうしたことから5Gは、住みやすい都市を実現する社会インフラとしても重要な存在になろうとしています。

スマートシティは「スマート〇〇」の集合体

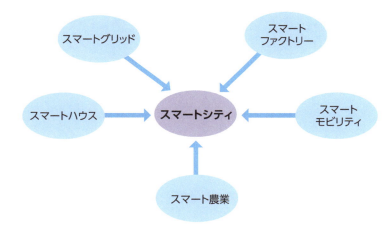

▲スマートシティは、スマートファクトリーやスマートモビリティなど、ITによって都市の総合的な効率化を図る取り組みだ。

スマートシティに欠かせないIoT

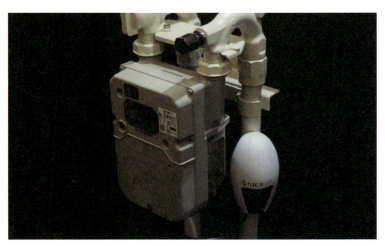

▲電力やガスの情報を自動送信する「スマートメーター」など、5GとIoTの活用がスマートシティには欠かせないものとなる。

024

防災から警備、配達まで
何でもこなせる5G搭載ドローン

幅広い分野で活躍が期待される

　複数のプロペラを搭載し、小形かつ自在に飛行させることができる**無人航空機「ドローン」**は、ここ数年来大きな注目を集めている技術の1つです。小さなものであれば手ごろな価格で購入でき、なおかつカメラなどを搭載することが可能なことから、最近ではテレビなどで空撮をするのに使われることも多いようです。

　しかしドローンは、すでに空撮以外にもさまざまな活用がなされています。たとえば建設現場を上空から撮影して測量に生かしたり、鉄塔や橋の下などのメンテナンス前に状況を撮影して調査したり、人が入り込むのが難しい災害現場にドローンを飛ばして現場をチェックしたりと、幅広い分野での活用が進められているのです。

　中でも今後実現が注目されるのは、ドローンによる**無人での荷物運搬**ではないでしょうか。とくに宅配業界では配達員の不足が深刻な状況となっていることから、ドローンによる無人で配達できるしくみの実現が、大いに注目されているのです。

　しかしドローンで長い距離を自動で飛行させるためには、天候や風の変化、そして飛行禁止区域などを把握し、安全に飛行させるためにも**ネットワークへの接続が不可欠**になります。また使い方によっては、**ドローンの遠隔操作**が必要なこともあるでしょう。

　そうしたことから携帯電話各社は現在、ドローンを携帯電話網に接続して通信しながら飛行する**「セルラードローン」**の取り組みを進めています。将来的にはそこに低遅延や高速大容量などの特性が生きる、5Gが活用されると考えられているのです。

携帯電話網に接続して飛行するセルラードローン

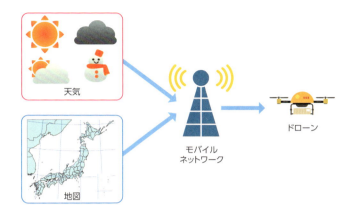

▲モバイルネットワークを通じて天気や地図などの情報をドローンに送り、遠方まで安定した飛行を実現可能にするのがセルラードローンの取り組みになる。

宅配分野で注目されるドローン

▲NTTドコモと楽天モバイルが2016年に実施したセルラードローンの実証実験。ドローンは宅配分野での活用が期待されており、実現に向けたさまざまな取り組みがなされている。

025

新しい価値を生み出すデバイスが次々と登場

クラウドとの連携で広がるサービスの幅

多数同時接続に対応した5Gで、IoTの普及が急速に進むと考えられていますが、そうするとデバイスやサービスのあり方も大きく変わってくると考えられます。

その理由は「クラウド」にあります。従来、私たちが利用している家電などは、インターネットに接続していないことからデバイスに内蔵された機能だけしか利用できませんでした。しかし5GとIoTによって、あらゆる機器が購入してすぐインターネットに接続できるようになれば、**ネットワークを通じてクラウドのコンピューティングパワーが使える**ようになり、実現できる**サービスの幅が大きく広がる**のです。

そのことを端的に示しているのが、ソースネクストの「ポケトーク」になどに代表される、**携帯型の自動翻訳機**です。これらのデバイスはいずれも通信機能を内蔵しており、**話した内容を「聞き取って」「自動的に翻訳する」作業をすべてクラウド側で処理**することで、低価格ながら場所を問わずいつでも翻訳ができるという新しい価値を生み出すことに成功しているのです。

IoTデバイス向け通信サービスの拡大によって、ほかにも子供や老人の見守りデバイスなど、インターネットに接続できる価値を生かしたデバイスが最近増えているようです。それだけに、同時多接続に加え高速大容量や低遅延といった特徴を持つ5Gが広がる今後、クラウドを活用した従来にはないデバイスが次々登場してくることになるといえそうです。

クラウドと5Gが新デバイスを生む

▲高性能なクラウドと高速通信ができる5Gを組み合わせることで、従来想像できなかった新しいデバイスを実現する可能性がある。

クラウドとモバイルで実現した自動翻訳機

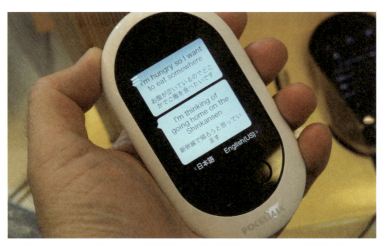

▲「ポケトーク」に代表される携帯型の自動翻訳機は、モバイル通信を用いクラウドで翻訳することで、国や地域を選ばず利用できるメリットを生み出した。

026
デバイス+AIエージェントで新AI時代を切り開く

いつでもどこでも音声アシスタントが使える時代に

　クラウドの活用によって新しい価値を生み出したデバイスの1つに、「Google Home」や「Amazon Echo」などに代表される**「スマートスピーカー」**があります。

　声で話しかけるだけで音楽をかけたり、家電を操作したりできるスマートスピーカーですが、実際にその機能を支えているのは、「Googleアシスタント」や「Amazon Alexa」などの**クラウド上で動作している音声アシスタント**の存在です。つまりスマートスピーカーはインターネットに接続しているからこそ、音声アシスタントによる操作という、新しい価値を実現できたわけです。

　とはいえ、音声アシスタントはインターネットに接続していないと利用できないことから、自宅に設置しているスマートスピーカーや、スマートフォンなどでしか利用できませんでした。しかしながら5GによってIoT向けの通信サービスが広がっていけば、そうした音声アシスタントを**自宅だけでなく、あらゆる場所から利用できる可能性が高まってくる**のです。

　その代表例となるのが自動車です。すでにアマゾンが米国で、自動車内でAlexaを利用できる「Echo Auto」を提供していますが、これはスマートフォン経由でインターネットに接続するしくみです。しかし、5G時代には**直接インターネットに接続できる「コネクテッドカー」が大幅に増える**と見られていることから、それを活用して運転中いつでも音声アシスタントが利用できる環境が実現できると考えられているのです。

音声アシスタントが使える「スマートスピーカー」

▲「Google Home」などに代表されるスマートスピーカーの登場で、家の中でいつでも音声アシスタントによる操作が使えるようになった。

5Gで音声アシスタントが幅広いデバイスに搭載

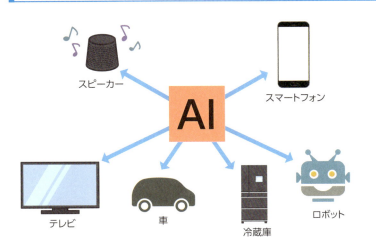

▲5GによるIoTの拡大で、スマートスピーカーやスマートフォンだけでなく、家電や車などあらゆる機器で音声アシスタントが使えるようになる。

Column

モバイル通信対応機種が増加
5G時代に向け変化するパソコン

　モバイル通信を使用してインターネットに接続するデバイスは、スマートフォンだけではありません。最近ではパソコンの中にもモバイルインターネットに接続できる機種が増えてきています。実際、2017年に発売されたVAIO社の「VAIO S11」や「VAIO S13」などは、SIMスロットを搭載し、Wi-Fiルーターなどが不要でモバイルデータ通信が可能なことが大きな注目を集めました。

　また同じ2017年には、パソコン用OSで高いシェアを持つMicrosoftが「Always Connected PC」を発表しています。これはスマートフォンと同じクアルコムのSnapdragonシリーズのチップセットを搭載したパソコンで、モバイルネットワークに直接接続できる機能を備えるのに加え、適度な使用で1週間のバッテリー駆動を実現するなど、省電力性に優れたモバイルPCのことです。CPUが従来のパソコンと大きく異なることから動作するアプリケーションに一部制約がありますが、新しいパソコンの形を実現する存在として、Microsoftも力を入れているようです。

　Always connected PCはすでに、国内でもレノボの「Yoga C630」などいくつかの機種が販売されており、Microsoft自身も初のAlways connected PCとして、「Surface Pro X」を2020年1月に日本で発売する予定です。今後対応機種は急速に増えていくものと考えられます。

　さらにMicrosoftは、「Windows 10X」を搭載した2画面パソコン「Surface Neo」や、同じく2画面を搭載し、OSにAndroidを採用した「Surface Duo」の提供を発表しています。5G時代に向け、パソコンの形も大きく変わっていく可能性がありそうです。

Chapter 3

そうだったのか！
5Gを支える
技術

027

新しい無線アクセス技術 「5G NR」

電波の周波数帯とその帯域幅を大幅に向上

　5Gでは、4Gまで用いられていた「LTE」「LTE-Advanced」に代わる、新しい無線アクセス技術が用いられています。それが**「5G NR」**です。

　5G NRの「NR」は「New Radio」、つまり新しい無線通信であることを意味しています。その内容は4Gまでの技術をベースにしながら、5Gの新しい仕様を取り入れたものとなっているため、基本的な技術は4Gと共通している点が多いのですが、決定的な違いとなるのは**対応する電波の周波数帯**と、**その帯域幅**です。

　5Gでは4Gをはるかに超える高速大容量通信を実現するため、4Gよりも広い帯域幅、要するに広い道幅を確保して通信ができるようになっています。4Gでは帯域幅が最大20MHz幅までで、それ以上の帯域幅を用いるには、複数の電波を束ねる「キャリアアグリゲーション」という技術を用いる必要があったのですが、5Gでは最大で、**一度に1GHzもの帯域幅を用いての通信が可能**です。

　しかし、従来の携帯電話に用いている周波数帯の電波では、それだけ空きのある帯域幅を確保することができません。そこで5Gでは、4Gより一層高い周波数帯、具体的には**最高で52GHzもの周波数帯の電波**を用いることで、一層の高速通信を実現する仕様となっているのです。ただし、それだけ高い周波数帯の電波を使うとなると、さまざまな弱点も抱えるのも事実です。そこで5Gでは、本章で解説するさまざまな新しい技術の導入に加え、基地局を多数設置することなどによって、弱点をカバーしています。

4Gと5Gの帯域幅／周波数帯

	4G	5G
帯域幅	最大 20MHz	最大 1GHz
周波数帯	最高 5GHz （免許不要の帯域を含む）	最高 52GHz

▲4Gと5Gの決定的な違いは帯域幅と周波数帯。

5G NRは一度に使える帯域幅が広い

▲4Gでは広い帯域も20MHzずつに分割しなければ通信できなかったが、5Gではそれを一度に使って通信できる。

028
5Gで使われる周波数帯「サブ6」と「ミリ波」

空きの周波数帯を使い分けて効率よく活用

5Gでは高速大容量通信を実現するため、まだあまり使われていない、非常に高い周波数帯の電波も使える仕様となっています。

電波は周波数がよくないほど情報の伝送量が多いのですが、それにもかかわらず、高い周波数の電波はあまり使われていないのはなぜかというと、使い勝手がよくないためです。

一般に、低い周波数の電波は障害物の裏に回り込みやすいので、遠くに飛びやすく使い勝手がよいとされています。ゆえにそうした帯域の電波はすでに幅広い用途に使われており、帯域幅の空きが少なく高速大容量通信に向いていません。そこで5Gでは、**あまり使われておらず空きのある高い周波数帯の電波を用いて高速化を実現**しようとしているわけです。

そして5Gに用いられる電波は大きく、**「サブ6」（Sub6）**と**「ミリ波」（mmWave）**の2つに分類されています。この2つの違いは周波数の違いで、サブ6は6GHz以下の周波数、ミリ波は主に28GHz以上の周波数帯域のことを指しています。

基本的に周波数帯が高いほど空きが多い一方、遠くに飛びにくいことから、5Gでは**主にサブ6を広範囲のエリアカバーに用い、ミリ波は基地局を多数設置**することで、都市部など**混雑するエリアの高速大容量通信を実現**するのに用いられると見られています。

もっとも将来的には、現在4Gで使われている低い周波数帯の電波も5Gに転用されていくことが考えられており、そのときは5G単体よりもエリアカバーがしやすくなると考えられています。

5Gで用いられる「サブ6」と「ミリ波」

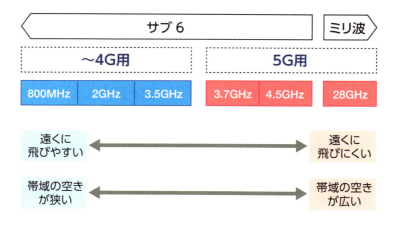

▲サブ6は6GHz以下、ミリ波はおよそ28GHz以上の周波数帯の電波を指す。周波数は高いほど遠くに飛びにくいが、帯域の空き幅も広い。

なぜ5Gは高い周波数帯を使うのか？

▲低い周波数帯は古くから使われているため空きが少ないが、高い周波数帯は使い勝手がよくないことから、広い帯域の空きがあり高速大容量通信に適している。

029

「スタンドアローン」（SA）と「ノンスタンドアローン」（NSA）の違い

段階を踏んで5Gの性能をフルに発揮するしくみ

すでに5Gのサービスを開始している海外の携帯電話会社、そして2020年にサービス開始を予定している日本などの携帯電話会社は、当初5Gを**「ノンスタンドアローン」（NSA）**の仕様で運用し、その後**「スタンドアローン」（SA）**に移行するとしています。NSAとSAとで一体何が違うのかというと、要は5Gのネットワークを提供するのに、**4Gのネットワークが必要か否か**ということになります。

5Gはもともと4Gのネットワークから移行がしやすいよう、段階を踏んで導入できるしくみが整えられています。NSAは5Gの導入初期に用いられる仕様で、4Gのネットワークの中に5Gの無線アクセスネットワーク（RAN）を導入することで、**4Gのネットワークを生かしながら5Gによる通信サービスを提供**できます。

一方のSAは、コアネットワークも5Gの仕様で設計されたものを用いた、**完全な5G仕様のネットワーク**となります。SAでの運用に移行することで、初めて5Gの性能をフルに発揮できるわけです。

それゆえ注意しなければならないのは、**NSAによる運用の段階では、5Gの性能の一部、具体的には高速大容量通信しか実現できないこと**です。NSAでは4Gのネットワークの性能に引きずられてしまうことから、低遅延など5Gのほかの特徴を活用するためにはSAへの移行が必須となります。ちなみに多くの携帯電話会社は、**NSAからSAの移行に2〜3年ほどかかる**としており、それまで5Gのメリットは高速大容量通信に限定されます。

NSAとSAの違い

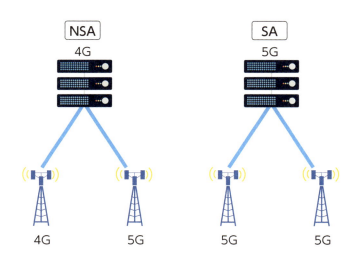

▲NSAは4Gのネットワークの中に5Gの無線アクセスを設置することで、5Gによる通信を実現するしくみだが、SAではすべての機器が5G用で構成されている。

NSAとSAとではできることも違う

	NSA	SA
高速大容量通信	○	○
低遅延	×	○
多数同時接続	×	○

▲NSAで実現できるのは高速大容量通信のみ。低遅延や多数同時接続など、5Gの性能をフルに発揮するにはSAでの運用が必要になる。

030

4Gで主流の「FDD」と5Gで主流の「TDD」との違いとは?

異なる双方向通信のしくみ

現在の携帯電話では、アップロード（送信）とダウンロード（受信）を同時にこなす双方向通信ができるようになっていますが、それを無線通信で実現する方法として、大きく分けて「FDD」と「TDD」の2つの手法が存在します。

FDDは**「Frequency Division Duplex」（周波数分割複信）**の略で、送信と受信とで別々の周波数帯を用いる方法になります。送信と受信に用いる周波数帯が明確に分離されていることから、通信効率がよく高速化しやすいのが特徴ですが、送信と受信の周波数帯の電波干渉を防ぐため、一定の空き帯域（**ガードバンド**）を設ける必要があり、**周波数帯域の無駄が生じやすいのが弱点**です。

一方の**TDDは「Time Division Duplex」（時分割複信）**の略で、周波数帯を非常に細かな時間で区切り、送信と受信を交互に繰り返して通信する方法になります。時間により切り替えが必要でしくみが複雑なことから、構造がシンプルなFDDと比べ通信効率が悪く高速化には不利ですが、**ガードバンドが不要なので周波数帯域をまんべんなく使えるのが大きな利点**となります。

そうしたことから、4Gまでに割り当てられた帯域の多くは、高速化を重視しFDDが主流となっています。しかし、5Gで割り当てられる周波数帯の多くは、帯域を無駄なく使えるよう、TDDでの運用を前提に割り当てられているようです。実際、日本で5G向けとして割り当てられた**3.7GHz帯、4.5GHz帯、28GHz帯はいずれもTDD向け**となっています。

FDDとTDDの違い

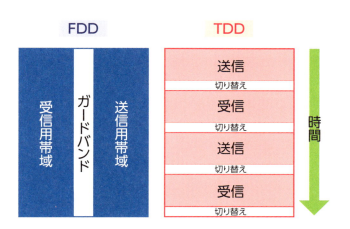

▲FDDは送信と受信に専用の帯域を割り当てて通信する方法、TDDは1つの周波数を時間で区切り、送信と受信を交互に繰り返して通信する方法になる。

FDDとTDDのメリットとデメリット

	メリット	デメリット
FDD	高速通信を実現しやすい	ガードバンドが必要で帯域の無駄が生じる
TDD	帯域を無駄なく使える	切り替えが必要なので通信効率が落ちる

▲ガードバンドとは、隣接する周波数帯域との干渉を防ぐために設けられる未使用の周波数帯域のこと。一般的にガードバンドを設けると無駄が生じる。一方、送信と受信を交互に繰り返すと、しくみが複雑になる。両者にメリットとデメリットはあるが、5Gの主流はTDDになっている。

031

4Gに続いて5Gを支える「OFDM」と将来を支える「NOMA」

従来の変調方式を採用しつつ、新しい方式も模索

電波を用いて情報を効率よく送る「変調」も、携帯電話には欠かすことのできない技術の1つです。変調方式といえば、ラジオなどで用いられるアナログの「FM」「AM」などがありますが、現在の携帯電話で用いられているデジタル変調方式で、4G、そして5Gでも用いられているのが**「OFDM」（Orthogonal Frequency Division Multiplexing：直交周波数分割多重）**です。

これは、**データを複数の搬送波に分割して送る「マルチキャリア変調」**の一種です。搬送波の間隔を詰めることで、同じ幅の周波数帯を用いながらも、より多くのデータを伝送する技術です。

OFDMは最近の無線通信技術の多くに用いられている変調方式であり、Wi-Fiや地上波デジタル放送などにも用いられています。モバイル通信においては、4Gの1つ前、「3.9G」とも呼ばれるLTE方式からOFDMが導入されていますが、5Gでも干渉に強くするなど、**改良を加えながらも継続**して用いられています。

しかし、5Gでは今後、**NOMA（Non Orthogonal Multiple Access：非直交多元接続）**の導入も検討されているようです。OFDMを用いた無線アクセス方式（OFDMA）の改良版で、周波数だけでなく、**新たに電力という軸を用いて信号を重ねる**ことで、一度により多くのデータを伝送できるようにする技術です。現在はまだ標準化団体での検討がなされている最中ですが、将来的にNOMAが採用されることで、より一層の高速化が実現される可能性もあるようです。

「OFDM」の特徴

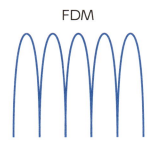

▲OFDMはその基となるFDM（周波数分割多重）と比べ、搬送波の間隔を詰めることでより多くのデータを伝送できる変調方式。

さらなる高速化を実現する「NOMA」

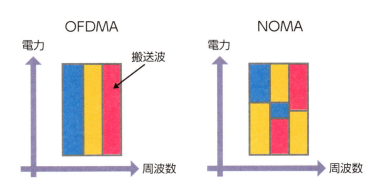

▲今後5Gへの導入が期待されているNOMAは、OFDMを用いた無線アクセス方式に電力という軸を加えて信号を重ね、高速化を実現する。

032
高い周波数の電波を端末に届ける「ビームフォーミング」

従来の技術ながら5G実現には欠かせないもの

5Gではミリ波など、従来よりも非常に高い周波数を用いて通信しますが、これらの周波数帯の電波は障害物の裏に回り込みにくく、直進性が強いことから遠くに飛びにくいのが弱点となります。それゆえ5Gでは、**「ビームフォーミング」**と**「ビームトラッキング」**という技術が用いられています。

ビームフォーミングは従来のように基地局から電波を面的に射出してエリアをカバーするのではなく、電波を**端末がある方向にだけ集中的に電波を射出して通信する技術**です。電波を射出する範囲が狭いことから、基地局どうしの電波干渉を防ぐメリットもあります。

一方のビームトラッキングは、**ビームフォーミングで電波を射出する端末を追跡する技術**です。電波の指向性の強いビームフォーミングでは基地局側が移動する端末を追跡し、電波を射出し続ける必要があります。適切にビームフォーミングをし続けるためには、ビームトラッキングが必要となるわけです。

ちなみにビームフォーミングやビームトラッキングといった技術自体は、4Gですでに導入されているものでもあります。しかし、より高い周波数帯を利用する5Gで、広いエリアをカバーするうえでは、これらの技術が一層重要となっています。

ちなみにこれらの技術は、1つの基地局がカバーするエリアの中で用いられるものです。端末が基地局のエリア外に出た場合は、通信を途切れさせることなく基地局を切り替える**「ハンドオーバー」**という技術が用いられます。

ビームフォーミングの特徴

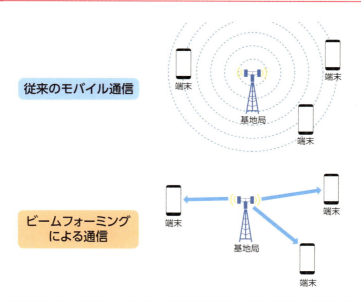

▲従来のモバイル通信は、基地局から電波を面的に射出して端末と通信していたのに対し、ビームフォーミングでは個々の端末に直線的に電波を射出して通信する形となる。

ハンドオーバーの特徴

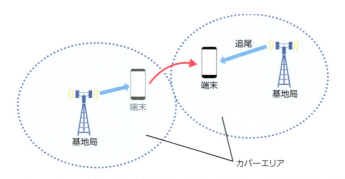

▲ハンドオーバーは自動的に基地局を切り替える技術で、利用者はほとんど意識することはない。

033

複数のアンテナで高速・安定通信を実現する「Massive MIMO」

都市部の人が多い場所で威力を発揮

　これまでのモバイル通信の高速化を実現するうえで、重要な技術の1つとなってきたのが「MIMO」（Multiple Input Multiple Output）です。これは電波を送る側と受ける側の両方に複数のアンテナを搭載し、異なる信号を送受信することで通信の効率化や通信速度の高速化を図る技術です。

　その中でも「MU-MIMO」（Multi User MIMO）は、基地局に複数のアンテナを搭載し、**複数の端末に同時にデータを送信する技術**です。送信側と受信側のアンテナが1対1で通信する従来のSU-MIMO（Single User MIMO）では、複数の端末と通信するのに1台ずつデータを送る必要があり、端末が増えると"順番待ち"が発生して通信速度が落ちるという弱点がありました。しかしMU-MIMOでは**基地局に接続する端末が増えても順番待ちの必要がなくなる分、速度が落ちにくくなる**わけです。

　そして「Massive MIMO」とは、**基地局側のアンテナの数を数十、数百と大幅に増やすことで、電波の指向性を高めて端末に直接届ける技術**です。指向性の高い電波を射出するため電波どうしがぶつかり合う干渉が減り、混雑を抑えられるのが特徴です。

　5GではこのMassive MIMOを、ビームフォーミング、MU-MIMOなどと組み合わせることにより、遠くに届きにくいとされる5Gの高い周波数帯の電波を確実に、なおかつ多くの端末に同時に届けられるようにしているわけです。とくに都市部の繁華街など、**人が多い場所で効果的な技術**となるようです。

複数端末と同時に通信する「MU-MIMO」

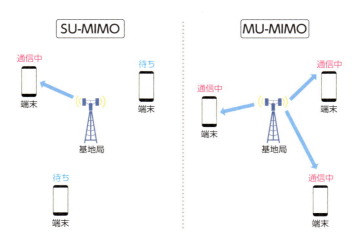

▲MU-MIMOは基地局側に複数のアンテナを搭載することで、同時に複数の端末と通信できるようにする技術だ。

多数のアンテナを活用した「Massive MIMO」

▲Massive MIMOは基地局に多数のアンテナを搭載することで、電波の指向性を高めて端末に直接電波を届けるしくみ。端末ごとに電波を飛ばすため混雑がしにくくなる。

034

大容量通信に有効な
「スモールセル」と重要な設置場所

多数の基地局を設置できるかどうかがポイント

　ビームフォーミングやMassive MIMOなどの活用によって、高い周波数帯の電波を離れた端末に飛ばすことはできるようになりました。しかし、それでも高い周波数帯の電波は障害物に弱いことに変わりはないので、広いエリアをカバーするには限界もあります。

　そこで重要になってくるのが**「スモールセル」**です。これは要するに、とても小さい基地局のことです。

　携帯電話の基地局といえば、一般的に高い鉄塔など大規模なものというイメージがありますが、そうした基地局は1つで広いエリアをカバーする**「マクロセル」**と呼ばれるものになります。一方のスモールセルは、**電波出力がより小さく、建物の中などにも設置できる小型の基地局**です。とくに都市部では、狭い場所で多くの人が一度にスマートフォンを利用することから、1つの基地局で広い広範囲をカバーするマクロセルではその負荷に耐え切れず、通信速度が大幅に落ちてしまいます。

　そこで4Gからは、**マクロセルのエリア内にスモールセルを密に設置することで、負荷を分散するしくみが、都市部を中心に多く採用**されています。そして高い周波数帯を用いるためマクロセルの展開が難しい5Gの電波は、スモールセルを中心に活用されると見られているのです。

　しかし、スモールセルで広いエリアをカバーするには多数の基地局を設置する必要があり、その場所をいかに確保できるかというのが、携帯電話会社にとっては大きな課題となっているようです。

マクロセルとスモールセルの違い

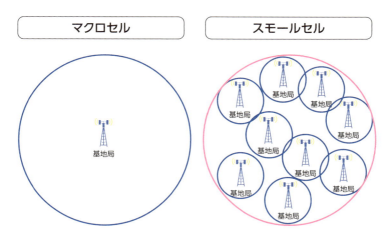

▲マクロセルでは1つの基地局で広範囲をカバーするのに対し、スモールセルでは小さい基地局を多数設置してエリアをカバーする。

スモールセルのメリット

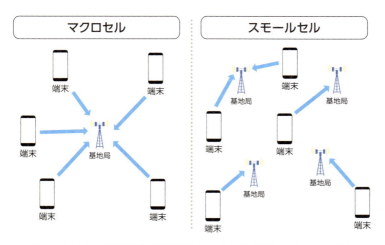

▲マクロセルは1つの基地局に通信が集中するため混雑しやすいのに対し、スモールセルは複数の基地局に負荷が分散されるため混雑に強い。

035

クラウド+エッジサーバーで「モバイルエッジコンピューティング」

高速処理には不可欠の技術

5Gの特徴の1つである低遅延を実現するうえで、重要な技術の1つが**「モバイルエッジコンピューティング」（MEC）**です。

ネットワーク遅延の理由は複数ありますが、その多くは端末と、実際に処理をするクラウドなどとのネットワークの距離による遅れ、そして送受信するデータを処理する時間による遅れが大きく影響しています。たとえば日本のスマートフォンで、米国にあるクラウドにアクセスして動画を見る場合、データをやり取りする米国との距離、そして動画を圧縮するなどクラウド側での処理に生じる時間によって、遅延が生じるわけです。

したがってクラウドより近い場所に別のサーバーを置き、そこで処理の一部を負担すれば遅延は小さくなります。先の例でいえば、**日本国内のどこかに中間となるサーバーを置き、そこで一部処理を負担**するようにしておけば、通信する距離とクラウドでの処理負担が減るため遅延はかなり小さくなるはずです。

こうした発想が「エッジコンピューティング」であり、端末に近い場所に設置するサーバーのことを**「エッジサーバー」**と呼びます。その概念をモバイルに持ち込んだのがMECで、MECでは基地局などにエッジサーバーを設置し、そこで一部の処理を負担することで低遅延を実現するとしています。

MECは日本でも、NTTドコモや楽天モバイルが5Gに向けて導入を進めており、低遅延の実現に向けさまざまな活用が考えられています。

遅延はなぜ起きるのか

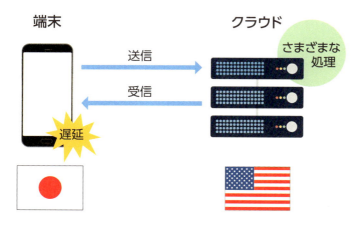

▲ネットワーク遅延は端末とクラウド、あるいは端末どうしを結ぶネットワークの距離の長さや、さまざまな処理にかかる時間によって生じる。

エッジコンピューティングで遅延が減る理由

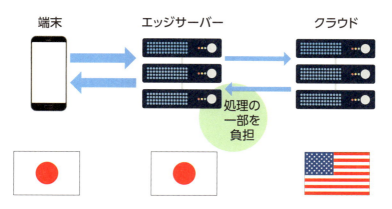

▲端末の近くにもう1つサーバーを追加し、そこでクラウドで処理する一部を負担することにより、送受信の距離を近づけるとともに負荷を減らして遅延を減少させる。

036

サービスや用途ごとにネットワークを区切る「ネットワークスライシング」

ネットワークの使われ方に着目した仮想化技術

5Gの低遅延、そして多数同時接続を実現する主要な技術の1つとされているのが「ネットワークスライシング」です。

5Gではスマートフォンだけでなく、さまざまなIoTデバイスの通信もカバーするとされていますが、動画の視聴などで高速大容量通信が求められる4Kテレビと、1日数回、少量のデータを送るだけでよいIoTデバイス、データ通信量は少ないが低遅延が絶対的に必要な自動運転車とでは、本来ネットワークの使われ方が異なってくるはずです。

しかし従来、携帯電話の通信を処理するコアネットワークでは、スマートフォンであってもIoTデバイスであっても、同じネットワークの幅を用いて通信するしくみであったことからネットワークに多くの無駄が生じていました。

そうしたネットワークの無駄をなくし、より効率よく通信するために生まれたのが、**コアネットワークを仮想的に分割するネットワークスライシングという技術**です。ネットワークスライシングで仮想的に分割したネットワークは、この部分は大容量通信が必要な映像配信向け、この部分は自動運転に用いる低遅延向けといったように、**利用用途に応じて柔軟に割り当てる**ことができるようになります。

これによって従来生じていたネットワークの容量の無駄を減らすとともに、幅広い用途のデバイスを多数、同時に接続しながら快適な通信を実現できるようになるわけです。

デバイスによって通信のニーズは異なる

8Kテレビへの映像配信
- 高速大容量通信→とても重要
- 低遅延→重要ではない

自動運転車の遠隔操作
- 高速大容量通信→重要ではない
- 低遅延→とても重要

▲映像配信では高速大容量通信が重要だが、自動運転では低遅延が重要になるなど、利用するデバイスやサービスによって必要な要素は異なってくる。

ネットワークスライシングのしくみ

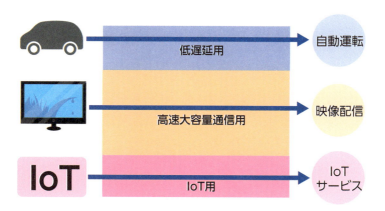

▲ネットワークスライシングは、1つのネットワークを仮想的に分割し、用途に応じた最適なネットワークを割り当てて効率化を図るしくみだ。

037
汎用サーバーでネットワークを実現する「NFV」

コストと手間の課題を解決して障害にも強い技術

5Gでコアネットワークへの導入が進む技術の1つとされており、大きな注目を集めているのが**「ネットワーク仮想化」（NFV：Network Function Virtualization)**です。

携帯電話のネットワークを構成する機材、たとえば携帯電話端末とコアネットワークを接続する無線アクセスネットワークや、実際にネットワークと接続するのに必要な交換機などには、これまでネットワークの安定動作を重視して、特定の通信機器ベンダーの専用ハードウェアが用いられてきました。しかし、専用のハードウェアは高額ですし、新しい機能を追加するにはハードウェア自体を入れ替える必要があることから、やはりコストと手間が大きくかかってしまうという問題を抱えています。

そこで注目されるようになったのがNFVです。NFVは従来専用のハードを用いていた**RANや交換機などを、汎用のサーバーと、それぞれの機能を持つソフトウェアを用いて実現する技術**です。

一般的なサーバーを用いるため導入が低価格で済み、新しい機能を追加する場合もソフトウェアを更新するだけと、とても**手軽に導入**できます。またネットワークの負荷が高まったとき、負荷がかかっている所にサーバーをどんどん追加していけばよいので、**障害にも強い**というメリットも得られます。

実は4Gでもいくつかの携帯電話会社が、一部機器ですでにNFVを導入していますが、楽天モバイルはネットワークにNFVを全面的に採用するとして注目されています。

専用ハードを汎用機に置き換えられるNFV

▲汎用のハードを仮想的に専用ハードとして活用するNFVによって、従来専用のハードが必要だった通信機器の汎用化を進められる。

NFVが持つアドバンテージ

	メリット
NFV	低コストで導入可能
	運用が楽
	障害にも強い

▲ネットワーク仮想化によって従来のハードを活用することができるため、メリットは多い。

038
複数ベンダーの通信機器を 混在できる「O-RAN」

狙いは低コストで効率のよいネットワーク構築

　携帯電話のネットワークに用いられる機器は、効率や安定性などを考慮して1社の通信機器ベンダーの機器のみを採用するというのが一般的でした。しかし、NFVなど新しい技術の登場によって、1つのネットワークの中に複数ベンダーの機器を導入する動きも強まっています。

　そうした動きの1つとして、携帯電話会社の側から進められているのが「O-RAN」です。これはNTTドコモとAT&T（米国）、チャイナモバイル（中国）、ドイツテレコム（ドイツ）、オレンジ（フランス）の5社が中心となって設立した「O-RAN Alliance」によって取り組みが進められているもので、**無線アクセスネットワークを構成する機器のオープン化を実現する**というものです。O-RANの仕様に準拠していれば、**異なるベンダーの機器を混在できる**ようになるわけです。

　これによって携帯電話会社は、より安価なベンダーの機器を導入できるようになり、**コスト削減**ができるというメリットが生まれます。またベンダー側にとっても、ネットワーク全体だけでなく、アンテナや無線局など個別での機器導入が可能となるため、新たなビジネスチャンスが生まれるなどのメリットがあります。

　またO-RANでは、AI技術を活用してネットワークの運用を自動化するなど、各機器にインテリジェントな機能を持たせることも重視しています。それゆえO-RANによって、5Gではより低コストで効率のよいネットワーク構築が可能になると見られているのです。

O-RANによるRANのマルチベンダー化

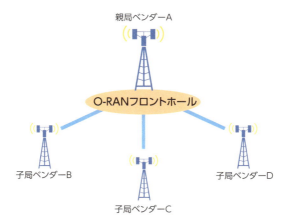

▲従来1つのベンダーの機器のみで構成されていたRANを、親局と子局を接続するインターフェイスを統一化することで複数ベンダーの装置を導入できるようになる。

O-RANの実例

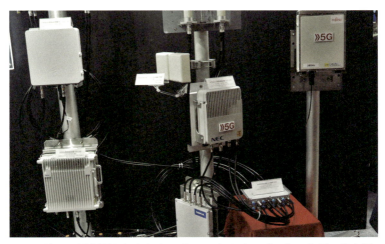

▲NTTドコモが公開したO-RANによるマルチベンダー化の実例。富士通、NEC、ノキア、エリクソンなどの基地局設備が混在している。

039

特定の場所や用途で使われる「ローカル5G」

5Gがまんべんなく使われるしくみを提供

携帯電話のネットワークは携帯電話会社が整備するものというのがこれまでの常識でしたが、5Gではその常識がちょっと変化することとなります。それが「ローカル5G」です。

ローカル5Gとは、携帯電話会社以外の事業者が、それぞれのニーズに応じた**エリア限定の5Gのネットワークを構築**するというしくみです。5Gが持つ高速大容量、低遅延、多数同時接続といった特徴を、特定の場所で活用したいときに構築することができます。

なぜローカル5Gのしくみが必要なのかといえば、**局所的なニーズに応える5Gネットワークを提供**するためです。携帯電話会社が提供する5Gネットワークは、あくまで汎用的なしくみであることから、特定の用途に応える環境を構築するは難しいという弱点があります。また、災害やイベントのときなどは混雑も発生するなど、外部環境に左右されるケースも少なからずあります。

しかしローカル5Gでは、必要な場所とニーズに応じた5Gネットワークを提供できるうえ、独立して運用されることから**周辺環境に左右されない**などの強みがあります。それゆえローカル5Gは、用途に応じたカスタマイズが求められる工場や、一時的にネットワークが必要になる建設現場、局所的に利用されるスポーツのスタジアムなどでの利活用などが検討されています。

無論、ローカル5Gの展開には電波が必要ですが、総務省は携帯電話会社向けの帯域とは別に、4.5GHz帯および28GHz帯の一部をローカル5G専用の帯域として、事業者に割り当てるとしています。

通常の5Gとローカル5Gの違い

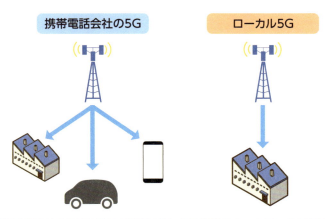

▲携帯電話会社の5Gは幅広い用途に使われる汎用のネットワークであるのに対し、ローカル5Gは場所を限定し、特定の用途に活用できる専用のネットワークとなる。

ローカル5G用の周波数帯

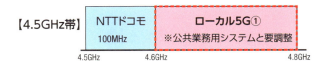

▲ローカル5G用の周波数帯としては4.5GHz帯と28GHz帯の一部を用いる検討がなされており、調整が進んでいる28GHz帯の100MHz幅分が、先行して割り当てが進められると見られている（出典：総務省「ローカル5Gの概要について」より。http://www.soumu.go.jp/main_content/000644668.pdf）。

040
「プライベートLTE」から見える
ローカル5Gの可能性

欧州では産業用途に積極活用

　日本ではローカル5Gの登場によって、場所を限定した携帯電話ネットワークの活用に対する期待が高まっています。しかし、海外に目を移すと、実はすでに同様のしくみが、現在の通信方式である4Gで実現されているのです。

　それは免許不要の周波数帯域などを用い、LTE方式でプライベートなネットワークを構築する**「プライベートLTE」**です。少ない基地局で屋外など広いエリアをカバーできるうえ、ハンドオーバーにも対応しているという点が大きな特徴です。このことから、セキュリティを重視し、プライベートなネットワークを構築したい企業が、Wi-Fiでのネットワーク構築が難しい広い工場や鉱山・屋外などで採用するケースが多いようです。

　日本ではこれまで、周波数帯割り当ての問題などからプライベートLTEの導入は進んでいませんでした。しかし現在、企業や病院の内線電話として用いられている構内PHSの後継となる規格として、**PHSと同じ1.9GHz帯を用いたプライベートLTE規格「sXGP」(shared eXtended Global Platform) の実用化**が進められており、本格的な導入も近いといわれています。

　ローカル5GはプライベートLTEの延長線上にある技術でもあることから、プライベートLTEの導入後にローカル5Gを導入するケースが多くなると想定されています。したがって日本におけるローカル5Gの導入や利活用は、産業用途よりも社内コミュニケーション用途から広がる可能性もありそうです。

3

そうだったのか！ 5Gを支える技術

導入準備が進むsXGP

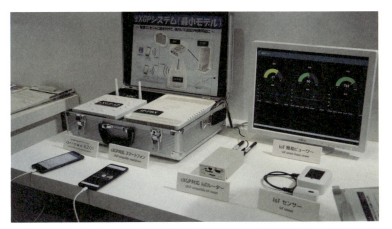

▲「CEATEC JAPAN 2019」で公開された富士通のsXGPシステム。1.9GHz帯を用いたプライベートLTE規格「sXGP」は構内PHSの代替としての活用が期待されており、2020年の本格導入が見込まれている。

sXGP対応スマートフォンも登場

▲すでにsXGP対応のスマートフォンは市場にいくつか投入されている。写真は富士通コネクテッドテクノロジーズ製の法人向けsXGP対応スマートフォン「ARROWS M359」。

Column

すでにあるIoT向けネットワーク「LPWA」とは

　多数同時接続を実現する5Gは、IoTのネットワークの本命として大きな期待が寄せられていますが、実は「LPWA」(Low Power Wide Area）と呼ばれる、IoTに適した低速・低消費電力で広域をカバーできる通信規格もすでに多く存在しています。

　実際4Gを利用したLPWAとしては、「Cat.M1」や「NB-IoT」などが存在します。これらは通信量が少ないIoTデバイスに向け、4Gのネットワークの帯域幅を細分化することで、多数の機器を同時に接続でき、低コストかつ少ない消費電力で通信できるようにしたものです。NB-IoTの方が帯域幅が狭いため、前者は比較的高速な通信が求められる場所、後者はスマートメーターなど、通信量や頻度が少ないデバイスでの利用が主となります。

　携帯電話のネットワークを使ったもの以外にも、免許不要で使用できる周波数帯域を用いたLPWAもいくつか存在します。オープンな規格で誰でもネットワークを構築できる「LoRaWAN」や、日本では京セラコミュニケーションズが提供している「Sigfox」が、その代表例といえるでしょう。

　では、これだけ多くのLPWAが存在しながら、なぜ5GがIoT向けのネットワークの本命とされているのかといえば、その理由はネットワークスライシングにあると考えられます。

　5Gはネットワークスライシングによって、IoTだけでなく大容量通信や低遅延など、同時に幅広い用途への対応が可能になるとされています。それゆえIoT専用の低速通信しかできない多くのLPWAと比べ、柔軟性が非常に高く利活用の幅が広いことから、5Gへの期待が高まっています。

Chapter 4

世界中が注目!
5Gを取り巻く
ベンダーやキャリア

041

携帯電話業界を取り巻く「ベンダー」「メーカー」「キャリア」

キャリアは国内で競争してベンダー・キャリアは世界で競争

　携帯電話業界のプレーヤーは大きく分けると、携帯電話のネットワークを構築する基地局やアンテナなどの機器を提供する**「通信機器ベンダー」**と、実際に通信するスマートフォンなどを提供する**「端末メーカー」**、両者から機器を調達して消費者にサービスを届ける**「携帯電話会社」（キャリア）**の3つに分類されます。

　しかし、それぞれの立場には大きな違いがあります。キャリアは、国から電波の免許割り当てを受けて通信サービスを提供する必要があることから、基本的に**国単位で会社が存在**しており、**競争も国単位というのが基本**です。

　一方で通信機器ベンダーや端末メーカーは、そうした縛りがないことから**国を問わずに機器を提供**できます。それゆえ競争は世界規模で起きており、現在はその中から勝ち残ったベンダーやメーカーが高いシェアを握っている状況にあります。

　通信機器ベンダーに関しては、古くから携帯電話向けの機器を提供してきた**エリクソンやノキアなどの北欧系企業が高いシェア**を持っていますが、コストパフォーマンスの高さを強みとして**ファーウェイ・テクノロジーズ**や**ZTE**などの中国企業が急速に台頭しており、現在は両者が拮抗している状況です。

　一方端末メーカーに関しては、携帯電話の通信規格の世代ごとにシェアが大きく変動しており、4G時代の現在は、スマートフォンでシェアを伸ばした**サムスン電子**と**アップル**、そして**ファーウェイ・テクノロジーズ**など中国勢が上位を占めている状況です。

携帯電話業界の大まかな構図

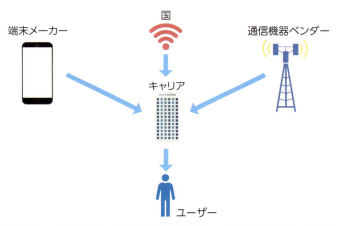

▲各国のキャリアが国から電波の免許を受け、通信機器ベンダーからネットワーク設備、端末メーカーからスマートフォンなどを仕入れてネットワークを構築し、消費者にサービスを提供している。

携帯電話業界の主要プレーヤー

▲携帯電話に大きく関わっているのは、基地局などの通信機器を提供する「通信機器ベンダー」、スマートフォンを提供する「端末メーカー」、それら機器と電波を用いて実際にサービスを提供する「キャリア」の3つである。

042

米中摩擦で不透明感漂う中国勢

成長にブレーキがかかるファーウェイ・テクノロジーズとZTE

通信機器ベンダーの中でも、ここ最近大きな伸びを示していたのが中国企業の**ファーウェイ・テクノロジーズ**と**中興通訊（ZTE）**です。これらのベンダーは、当初は中国国内の携帯電話会社などに機器を供給してきましたが、3G、4Gの時代になってからは海外進出を積極的に行ってきました。アジアや欧州、アフリカなど世界各国への進出を果たし、**2017年時点では世界の通信機器ベンダーのシェアでファーウェイが首位、ZTEが4位**にまで達しています。

中国のベンダーがこれだけ大きく成長した要因は、低コストながら高い技術を持っていることです。足元に中国という巨大な市場を持つというだけでなく、研究開発への積極投資によって短期間のうちに技術力を大幅に向上。それまで市場を占有してきた欧米のベンダーからシェアを奪い、大きな成長を遂げてきたのです。

しかし2018年以降、両社の伸びには大きな急ブレーキがかかっています。それは**米国から制裁を受けている**ことによります。ZTEは2018年、ファーウェイは2019年に米国商務省のエンティティリストに加えられ、通信機器を開発するうえで必要な部材を提供する**米国企業との取り引きが困難**になってしまったのです。

ZTEはすでに制裁を解除されていますが、一時は経営危機に陥るほど大きな打撃を受けるに至りました。ファーウェイは現在もなお制裁解除が解かれておらず、先行き不透明な状況が続いています。5G時代に両社がさらなる成長を遂げるかどうかは米中摩擦次第ということになりそうです。

中国の2大通信ベンダー「ファーウェイ」と「ZTE」

▲中国の通信ベンダーであるファーウェイとZTEは、低価格・高品質を武器として世界的シェアを拡大。制裁を受ける前はそれぞれ世界1位、4位のシェアを獲得している。

米国から制裁を受ける2社

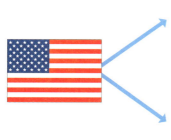

ZTE

2018年4月　米企業の製品販売を7年間禁止
2018年6月　和解により制裁解除

ファーウェイ

2019年5月　米商務省のエンティティリストに掲載

▲ZTEは2018年、ファーウェイは2019年に米国から制裁を受けている。ZTEは制裁解除されるまでの間経営危機に陥るほどのダメージを受け、ファーウェイは2019年12月現在、一部緩和されたものの制裁が続いている状況だ。

4　世界中が注目！ 5Gを取り巻くベンダーやキャリア

043

5Gでのビジネス拡大を狙う北欧勢

巻き返しを図るエリクソンとノキア

中国勢の猛追を受けながらも、通信機器ベンダーとして高いシェアを獲得しているのが、スウェーデンの**エリクソン**とフィンランドの**ノキア**です。

なぜ北欧のベンダーが世界的に高いシェアを獲得しているのかというと、北欧を中心とした欧州が、長きにわたって携帯電話技術のけん引役となっていたためです。とくに5Gの3つ前の世代となる「2G」の時代には、欧州主導で作られた「GSM」が、日本や韓国などごく一部を除くほぼ全世界で使われていましたし、3GでもNTTドコモと欧州の企業らが開発した「W-CDMA」が、「日欧方式」などと呼ばれ世界の主流の通信方式となった経緯があります。

こうしてシェアを拡大してきた両社でしたが、4Gの時代に入ると、中国企業が技術力やコストパフォーマンスなどを武器として急台頭し、**シェアを奪われるなど伸び悩み傾向**にありました。

しかし今後、両社の追い風となりそうなのが米中摩擦です。5G以降いくつかの国で中国のベンダーの参入が難しくなったことから、両社の販売が大きく伸びる可能性が出てきたのです。

実際米国の影響を強く受けている日本でも、一部にファーウェイなどの設備を導入していたソフトバンクが、5Gではエリクソン製の機器を採用。また新規参入の楽天モバイルも、主としてノキアの機器を採用するに至っており、米国によるファーウェイへの**制裁がビジネスの拡大につながっている**様子がうかがえます。

ファーウェイと首位を争う「エリクソン」

▲世界最大手の座を争うスウェーデンのエリクソン。日本でもNTTドコモ、KDDI、ソフトバンクの3社に機器を提供している。

楽天モバイルへの機器提供で注目「ノキア」

▲フィンランドのノキアは、かつて世界最大の携帯電話メーカーとしても知られていた。国内では楽天モバイルへの機器提供で注目されている。

4 世界中が注目！ 5Gを取り巻くベンダーやキャリア

60分でわかる！ 5Gビジネス 最前線 | 99

044
早期展開で5Gの主導権を狙う米国キャリア

積極的にサービスを展開するベライゾン・ワイヤレスとAT&T

　5Gに非常に力を入れている国の1つとして挙げられるのが米国です。米国では、標準化前の独自規格を含む限定的な形ながら、世界でいち早く5Gのサービスを開始した国となっています。

　とくに米国で5Gをけん引しているのは、**市場シェア1位のベライゾン・ワイヤレス**と、**シェア2位のAT&T**です。実際、ベライゾンは2018年10月より、独自規格を含む5Gを用いてWi-Fiルーターなどに向けた5Gのサービス提供を開始、AT&Tも12月に、やはりWi-Fiルーター向けから5Gサービスを開始しています。

　さらにベライゾンは、現地時間の2019年4月4日に、標準化の完了した"真の5G"によるスマートフォン向けの通信サービスを、シカゴとミネアポリスの2か所で開始しています。同社は韓国の携帯電話3社と"世界初"の座をかけ、当初予定していた5Gのサービス開始を大幅に前倒しするなど、激しい争いを繰り広げたことでも話題となりました。米国のキャリアがこうした争いをするのは非常に珍しいのですが、**裏を返せばそれだけ米国が5Gに力を入れていることの表れ**といえるでしょう。

　なお米国では、ソフトバンク系のスプリントが2019年5月、ドイツ・Tモバイルの米国法人（TモバイルUS）も2019年6月に、5Gのサービスを開始しています。ちなみに両社は今後合併を予定しているため、**将来的には大手3陣営による5Gのサービス争いが繰り広げられる**ものと考えられます。

4

世界中が注目！ 5Gを取り巻くベンダーやキャリア

米国の主なキャリア

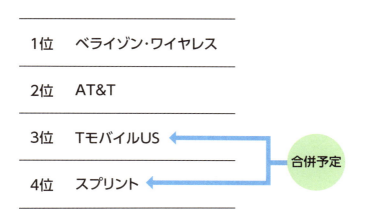

▲国土が広い米国には多くのキャリアが存在するが、全米で展開するベライゾン・ワイヤレス、AT&T、TモバイルUS、スプリントの4社が大手となる。このうちTモバイルUSとスプリントは合併予定。

米国の5Gに関するスケジュール

2018年	10月	ベライゾンが固定通信の代替となる「5G HOME」を開始
	12月	AT&Tがルーター向けの5Gサービスを開始
2019年	4月	ベライゾンがスマートフォン向け5Gサービスを開始
	5月	スプリントが5Gサービスを開始
	6月	TモバイルUSが5Gサービスを開始

▲米国では標準化前の規格を含む形で、2018年より5Gのサービスを開始。2019年4月にはベライゾンが、韓国の3社と争う形で5Gのサービスを開始している。

045
世界初の商用化にこだわる韓国キャリア

すでに5Gサービスを積極的に展開

　ある意味、米国以上に5Gに力を入れているのが韓国です。韓国の携帯電話会社は、シェアの高い順に、**SKテレコム、KT、LGユープラス**の3社が存在しますが、特徴的なのは国を挙げて通信産業に力を入れているためか、"世界初"に非常に強いこだわりを持っていることです。

　実際、4G（LTE-Advanced）ではSKテレコムが世界初の商用サービスを提供していますし、5Gでも米国のベライゾン・ワイヤレスと韓国の3社が、"世界初"を争ってサービス開始を次々に前倒しするなど、激しい競争を繰り広げました。

　そうしたことから韓国では、すでに**2019年4月よりすべての携帯電話会社が5Gによるサービスを提供**しており、サービス開始から69日で、5Gの加入者が100万人を超えたと各種報道機関が発表しました。この数字は4Gのときより1か月速いペースとのことで、関心が急速に高まっている様子を見て取ることができます。

　2019年現在、5Gのエリアはソウルなど大都市圏が主ですが、**2019年中には85の地域に拡大する予定**とのことです。**加入者数も500万人にまで拡大**することが予想されています。

　韓国はネットワーク面では存在感が大きいとはいえませんが、デバイス面では4G時代、スマートフォンでシェアを大きく伸ばしたサムスン電子が世界首位の座を獲得するなど大きな成功を得ています。それだけに、4G以上のビジネス機会を生み出すとされる5Gでは、一層積極的な動きを見せてくるものと考えられます。

韓国の3キャリア

1位　SKテレコム

2位　KT

3位　LGユープラス

▲韓国のキャリアは、いくつかの再編を経た後「SKテレコム」「KT」「LGユープラス」の3社に集約されている。

平昌五輪でも5Gを披露

▲韓国は国を挙げてモバイル事業に力を入れており、2018年の平昌五輪でもKTやサムスン電子がブースを構え、試験サービスではあるものの5Gへの取り組みをアピールしていた。

韓国の今後の5Gスケジュール

▲韓国の5Gは現在ソウルなど大都市圏のみをカバーしているが、2019年末には85市へとエリアを広げ、加入者も400〜500万人にまで増えると予想されている。

046

世界初より
サービス開発重視のNTTドコモ

3Gの反省を生かした"急がない"戦略

諸外国より商用サービス開始が1年遅れてしまった日本の携帯電話会社ですが、5Gに向けた取り組みは積極的に進めています。中でもNTTドコモは、2019年9月にプレ商用サービスを実施し、**2020年3月には本格的な商用サービスの開始を予定**しています。

そのNTTドコモが、5Gで提供しようとしている先端サービスが**「マイネットワーク構想」**です。これはスマートフォンをハブとして、VRやウェアラブルデバイスなどの最先端デバイスを5Gで活用するというもので、その一環として2019年4月には、複合現実（MR）の技術を手掛けるマジックリープ社と提携。同社のスマートグラスを日本で提供することを明らかにしています。

しかし同社が最も重視しているのは、5Gを活用したサービス開発です。実際、2017年には5Gのサービス実証実験の場**「5Gトライアルサイト」**、2018年にはパートナー企業と5Gの実験をしたり意見交換をしたりする**「ドコモ5Gオープンパートナープログラム」**を提供するなど、サービス開発に力を注いでいる様子がうかがえます。

その理由は3G時代の苦い経験があるからです。NTTドコモは世界で初めて3Gのネットワークを導入しましたが、それを利用するデバイスやサービスの開発が追いついておらず、ネットワークの優位性を競争力向上にまったく生かせなかったのです。それゆえ4G以降、NTTドコモはネットワークを有効活用するサービス開発に重点を置く"急がない"戦略をとり、その戦略は5Gでも継承されています。

最先端デバイスを活用する「マイネットワーク構想」

▲マイネットワーク構想では、5Gスマートフォンをハブとして、VRゴーグルや360度カメラなど、さまざまな最先端デバイスを用いた新しい体験の提供を予定している。

サービス創出を重視するNTTドコモ

▲NTTドコモは過去の経験から5Gのサービス提供は急がず、「5Gトライアルサイト」(左)や「ドコモ5Gオープンパートナープログラム」(右)などで5Gを利活用するサービス開発に注力している。

047

広いエリアで地方での
ビジネスを強化するKDDI

提携やベンチャー企業との協力でビジネスを拡大

　国内2位のKDDIも2019年9月に5Gのプレ商用サービスを開始し、2020年3月に商用サービスを提供予定していますが、同社の5G戦略を説明するうえで重要になるのが**「電波」**です。

　というのもKDDIは5Gの電波免許割り当ての際、NTTドコモに次ぐ基盤展開率を申請するなど、5G向けの帯域でもとくに基地局の調達などで優位性が高い周波数帯を獲得することを重視してきました。その結果、**NTTドコモに並ぶ3つの周波数帯域を獲得**するなど、5Gでは比較的優位なポジションを獲得しています。KDDIはその優位性を生かし、5Gでは全国をくまなくエリアカバーすることによって、**「プラットフォーム」と「地方創生」によるビジネスの拡大**を目指しているようです。

　プラットフォームに関して、KDDIは「スマートドローン」「MaaS」など、特定の分野にフォーカスし5Gのネットワークを活用した環境をいくつか構築していく方針を示しています。実際、前者に関しては韓国のLGユープラス、後者に関してはナビタイムジャパンと提携して取り組みを進めているようです。

　一方の地方創生に関しては、すでに63の地方自治体と協定を締結し、5GとIoTを活用した最新技術を取り入れて地方の課題を解決する取り組みを進めています。さらに2019年5月にはベンチャーキャピタルと共同で「KDDI Regional Initiatives Fund 1号」を設立。ベンチャー企業と協力し、イノベーションを通じた地方創生を推し進める方針を示しています。

優位性の高い周波数帯の獲得に力を入れたKDDI

	NTTドコモ	KDDI	ソフトバンク	楽天モバイル
5G 基盤展開率	97.0%	93.2%	64.0%	56.1%
特定基地局数 3.7GHz/4.5GHz 帯 28GHz 帯	8001 局 5001 局	30107 局 12756 局	7355 局 3855 局	15787 局 7948 局

▲KDDIは5Gの電波免許割り当てに申請する際、5Gの基盤展開率や特定基地局数でライバルに並ぶ、あるいは大きく上回る数を提示。それが評価され3つの帯域を獲得するなどの優位性を得ている。

地方創生に向けた取り組みの一例

▲福島県の酒造メーカー、榮川酒造との5Gを活用した実証実験の様子。4Kカメラで"もろみ"を撮影し、遠隔でその熟成度合いを監視できるようにすることで、負荷軽減につなげるのが狙いだという。

特定分野向けプラットフォームにも注力

▲KDDIは5Gで特定分野向けプラットフォームの開発も力を入れており、LGユープラスとドローン、ナビタイムジャパンとMaaSの分野で提携している。

048

都市部主体でIoTに活路を見出すソフトバンク

大企業とのビジネスソリューション開拓を強化

　国内3位のソフトバンクも、商用サービスの開始は2020年3月としていますが、2019年7月の「FUJI ROCK FESTIVAL '19」で5Gのプレサービスを実施。それ以降、2019年8月のバスケットボール日本代表戦などで断続的にプレサービスを実施しています。

　そのソフトバンクの5G戦略でも、重要なポイントとなっているのが**「電波」**です。ソフトバンクは5Gの電波免許割り当て申請時、NTTドコモやKDDIよりも基盤展開率が低かったことなどが影響して周波数帯の割り当てが2枠にとどまっています。

　そうしたことからソフトバンクは、現在4Gに使用している周波数帯のいくつかを、将来的に5Gに転用する戦略を取るものと見られています。4G用の周波数帯は5Gよりも帯域が低く、遠くに飛びやすく広範囲をカバーしやすいことから、**当面は5Gで主要な都市をカバーしつつ、地方などは4Gの帯域で広範囲をカバー**していくものと考えられます。ゆえに当面は、他社より5Gの展開エリアは狭くなるものと考えられますが、そこで同社が力を入れようとしているのが**法人向けのソリューションビジネス**です。

　ソフトバンクは5Gで基盤展開率ではなく、従来のエリアカバーの基準であった「人口カバー率」を早い段階で90%にするとし、そのうえでIoTを活用した大企業とのビジネスソリューション開拓を強化すると表明しています。KDDIとは対照的に、ビジネスの規模が大きい**大都市圏の大口顧客を中心としたビジネスを強化**しようとしています。

ソフトバンクの5Gプレサービスの内容

▲2019年7月に実施された5Gプレサービスでは、5Gのスマートフォン経由でインターネットに接続し、苗場と東京・六本木にいる人がVR空間上でリアルタイムにライブを観ながらコミュニケーションできるデモを実施。

4Gの周波数帯で広いエリアをカバーする狙い

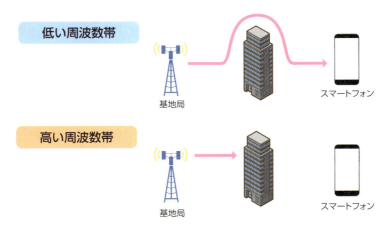

▲5Gに用いられる電波は周波数が高いため、障害物の裏に回り込みにくく遠くに飛びにくいことから、ソフトバンクは遠くに飛びやすい4Gの電波を5Gに転用することを狙っている。

049
ネットワーク仮想化で
5Gに挑む楽天モバイル

最後発であることを逆手に差別化を図る

2019年10月に携帯電話事業として新規参入した、楽天子会社の楽天モバイルも、5Gの電波割り当て申請で2つの帯域の免許を獲得しました。他社よりやや遅れるものの、2020年6月より5Gの商用サービスを開始するとしています。新規参入ということもあってネットワークエリアなどの面では未成熟な部分も多い楽天モバイルですが、同社の強みはその**「新しさ」**にあるといえるでしょう。

そのことを象徴しているのが**「ネットワーク仮想化」（NFV：Network Functions Virtualization）**です。これはP.84で説明しているとおり、携帯電話のネットワークを構成する機材を、専用のハードではなく汎用のサーバーとソフトウェアを使って実現するというものです。楽天モバイルは過去のしがらみがないことを生かし、無線局から交換機、コアネットワークに至るまで、**すべての機器にNFVを採用**し、クラウド上で動作させる**世界初のネットワークを構築**しています。

これによって同社は低コストで機器を調達できるようになり、ソフトウェアを変えるだけで新しいネットワークやサービスを導入できることから、新サービスをいち早く導入しやすくなるのです。

さらに楽天モバイルは、低遅延に効果的な**モバイルエッジコンピューティング**にも力を入れており、全国4000か所にモバイルエッジサーバーを設置するとしています。まだ5Gに向けた具体的な取り組みを明らかにしていない楽天モバイルですが、5Gの低遅延を生かし自動運転などに取り組んでいくことが予想されます。

NFVでクラウド化された楽天モバイルのネットワーク

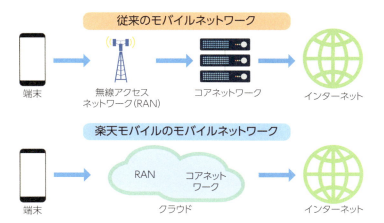

▲従来専用のハードを用いていたRAN（Radio Access Network：無線アクセスネットワーク）やコアネットワークを、NFVによって汎用のサーバーで実現、クラウド化することで低コストかつ柔軟なサービスを提供できるようになる。

楽天モバイルが公開した5Gのサービス像

▲楽天モバイルは2019年7月より実施された「Rakuten Optimism」で、試験的に5Gを活用したサービスを披露。4Gでは画像が乱れるクラウドゲームを快適に楽しめる様子を示していた。

050

モデムチップが左右する
5Gスマートフォンの動向

5Gスマートフォン開発の鍵を握るモデムチップ

　私たちが5Gのネットワークを利用するためには、ネットワークだけでなくスマートフォンなどの端末も重要な要素になります。その中でも見逃せない存在となるのが、5Gによる基地局と端末間の通信を司る**「モデムチップ」**です。

　このモデムチップに関しては、多くのスマートフォンに採用されているチップセット「Snapdragon」シリーズを開発している**クアルコム**が、2016年に5G対応のモデムチップ「Snapdragon X50」を発表。**同社のチップセット「Snapdragon 855」と組み合わせることで5G通信を可能**にしました。多くのメーカーが5Gスマートフォンを開発できるようになったのもこのためです。

　さらに2019年にはファーウェイ・テクノロジーズ傘下の**ハイシリコン・テクノロジー**も、独自の5G対応モデム「Balong 5000」を発表し、ファーウェイ製5Gスマートフォンへの採用が進められています。また台湾の**メディアテック**も、2018年に5G対応モデムチップ「Helio M70」を発表。各社のモデムチップ開発は着々と進んでいるようです。

　一方で、**インテル**が5Gのモデムチップ開発で出遅れたことで、最大の顧客であった**アップル**が訴訟中だったクアルコムと和解、同社のモデムを採用することを表明しました。これを受けてインテルは5Gのモデム開発から撤退し、アップルがその事業の大部分を買収しました。このように、5Gのモデムチップをめぐる競争が、端末メーカーの動向を大きく左右する様子を見てとることができます。

5Gスマートフォンに重要な「モデムチップ」

▲スマートフォンにとって重要なのが、全体的な動作を司る「チップセット」と、無線通信を司る「モデムチップ」の2つ。5G対応スマートフォンを開発するには5G対応のモデムチップが欠かせない。

主要モデムチップベンダー勢力図

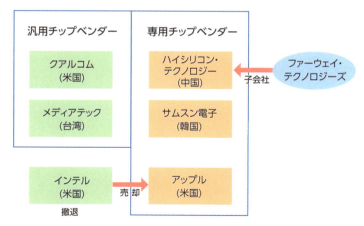

▲モデムチップのベンダーは、クアルコムなど汎用のチップを提供する企業と、ハイシリコン・テクノロジーのように特定企業のみに提供するベンダーに分かれている。

051
5G時代のSnapdragonに注目が集まるクアルコム

積み上げてきた高度な無線技術と多くの特許が強み

スマートフォンのチップセットで高いシェアを持つクアルコムは、先に触れたとおりモデムチップ「Snapdragon X50」と、それに対応したチップセット「Snapdragon 855」を提供しており、現在提供されている多くの5G対応スマートフォンメーカーに採用されています。

クアルコムが多くのメーカーから支持を得ているのには、長年携帯電話に関連する事業に取り組むことで、**高度な無線技術と多くの特許を獲得するとともに、多数の携帯電話会社と関係を構築してきたこと**が大きいと言えます。一口に携帯電話のネットワークといっても、それを展開する事業者によって独自の特徴や癖などがあります。そうした個々の事業者のネットワークに対応して安定した通信を実現してきたことが、クアルコムの強みとなっているわけです。

もう1つ、クアルコムにとって大きな朗報となったのが、2017年に始まったアップルとの訴訟合戦が終結し、和解に至ったことです。これによりアップルが再び同社の顧客となり、市場での優位性が一層高まったといえるでしょう。

なおクアルコムは、2019年2月に第2世代の5Gモデムチップ「Snapdragon X55」を発表しました。X50と比べ**5Gbpsから7Gbpsへと通信速度を向上**させるとともに、**より多くの5G周波数帯をカバー**するなど機能は強化されています。また、チップセットに5Gのモデムを内蔵したSnapdragonの開発も進めており、ミドルクラス向けの「Snapdragon 765/765G」でモデム内蔵を実現しています。

5Gに力を入れるクアルコム

◀スマートフォンに欠かせないチップセットやモデムチップを提供するクアルコムは、5Gでも多くの企業にチップを提供し大きな存在感を示している。

多くの5Gスマートフォンに採用された「Snapdragon X50」

◀「Snapdragon X50」は、2019年に発売された5G対応スマートフォンの多くに採用されているモデムチップ。これがなければ5Gによる通信ができない。

第2世代のモデムチップ「Snapdragon X55」

◀「Snapdragon X55」は通信速度の高速化や幅広い周波数帯に対応するなどのアップデートがなされたモデムチップ。

052

モデム開発の遅れで戦略転換を余儀なくされたインテル

ネットワーク仮想化で巻き返しを図る

　クアルコムが5Gでも順調に拡大を進めている一方、5Gで大幅な戦略転換を余儀なくされたのが、パソコン向けのCPUなどで知られるインテルです。

　インテルは2011年にドイツのインフィニオンという企業を買収し、スマートフォンなどに向けた無線モデム事業に参入。5Gに向けてモデムチップの事業拡大を推し進め、2017年にアップルがクアルコムを提訴し訴訟合戦となって以降は、**アップルにモデムチップを提供**するなどして市場での存在感を高めてきました。

　しかしインテルは5Gのモデム開発が思うように進まず、ライバルのクアルコムより大幅な後れをとることとなってしまいました。そうしたことからアップルは、5Gの出遅れを懸念してクアルコムと和解、クアルコム製のモデムチップを採用する方針を打ち出したのです。

　これによってインテルは最大の顧客となるアップルを失ったことから、5Gモデムチップの開発を断念。その後、**アップルに無線モデム事業の大半を売却**し、IoT向けの無線モデム開発は続けるとしたものの、5G向けのモデムチップ事業からは撤退しました。

　しかしインテルは5Gへの関わりを完全に断念したわけではありません。サーバー向けのチップセットなどを手掛けていることを生かし、**楽天モバイルと提携してモバイルエッジコンピューティング用のサーバー事業に力を入れる**など、ネットワーク仮想化を機として通信設備関連の事業を拡大していく考えのようです。

5Gのモデム開発出遅れが響いたインテル

▲5Gのモデム開発の遅れによって、主要顧客であったアップルがクアルコムと和解。これによってインテルはスマートフォン向けモデムチップ事業から撤退を余儀なくされた。

インテルは5Gの通信設備に注力

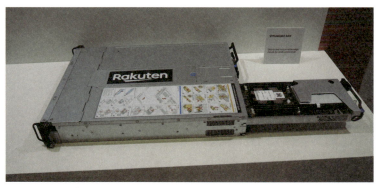

▲モデムチップ事業から撤退したインテルだが、今後は楽天モバイルに無線アクセスネットワークやモバイルエッジコンピューティング用のサーバーを提供するなど、5Gの通信設備関連事業に力を入れていくようだ。

053
5G対応iPhoneのため
戦略転換を図ったアップル

将来的には独自のモデムチップをiPhoneに搭載する可能性も

インテルのモデム事業を買収したアップルは、スマートフォン市場では「iPhone」で世界的に高いシェアを持つことで知られています。2017年に訴訟を起こして以降、クアルコムとは"犬猿の仲"といわれてきたアップルですが、そのクアルコムと和解してまで5Gへの対応を急いだ理由は、**iPhoneの伸び悩み**にあるといえます。

というのも最近アップルは、中国の景気減衰や、日本での端末値引き規制などもあってiPhoneの販売が伸び悩んでおり、それに加えてファーウェイ・テクノロジーズの猛追を受けていることから、**四半期ベースでは市場シェアが3位に転落**するなど苦戦が続いているのです。

そこでアップルは、他社に大きな遅れをとらないためにもiPhoneの5G対応を遅らせるわけにはいかず、それがクアルコムへの和解につながったと見られています。今回の判断によって**2020年には、iPhoneの5G対応が進む**のではないかといわれています。

しかし一方でアップルは、インテルのモデム事業を買収しており、自ら5Gモデムチップを開発する立場にもなっています。もともとアップルは自社内製の技術活用を重視する会社であり、チップセットもかつてはサムスン電子製のものなどを使っていましたが、現在は自社開発の「A」シリーズを採用しています。

そうしたことから、当面5G対応のiPhoneにはクアルコム製のモデムが搭載されることになるでしょうが、**将来的には独自のモデムチップが搭載**されることになるかもしれません。

アップルとクアルコムの訴訟の経緯

2017年	● ライセンス料をめぐりアップルがクアルコムに訴訟を起こす ● 以降、両社の訴訟合戦が加速
2018年	● クアルコムがアップルへのモデムチップ提供を拒否 ● iPhone XS/XSMax/XR はインテル製モデムチップのみ搭載して販売
2019年	● インテルの 5G モデム開発遅れが判明 ● アップルとクアルコムが和解 ● インテルがアップルにスマートフォン向けモデムチップ事業を売却し、撤退

▲2017年に半導体のライセンス料をめぐってアップルがクアルコムに訴訟を起こして以降、両社は訴訟合戦を繰り返し犬猿の仲となったが、インテルの5Gモデム開発の遅れを機として和解に至った。

インテル製モデムを搭載した「iPhone XS/XS Max」

▲訴訟の影響で、2018年発売の「iPhone XS/XS Max」はすべてインテル製モデムチップを搭載していた。同社のモデム事業買収で、将来的にはiPhoneに自社開発の5Gモデムチップが搭載される可能性がある。

054

絶好調から一転、暗雲が漂う
ファーウェイ・テクノロジーズ

制裁の影響に対抗するべくさまざまな策を打ち出す

　2018年には四半期ベースのスマートフォンの出荷台数シェアでアップルを抜き、2位を獲得したファーウェイ・テクノロジーズ。通信機器ベンダーとしてだけでなく、スマートフォンメーカーとしても市場で大きな存在感を発揮しています。

　同社の強みは、自ら通信機器と端末の双方を手掛けていることから**ネットワークに高い知見と技術を持ち合わせている**こと。そして傘下に半導体事業を手掛けるハイシリコン・テクノロジーを持ち、**自らチップセットやモデムチップなどを開発できる**ことです。

　そうしたことからファーウェイは、自社で5G対応のモデムチップ「Balong 5000」、そしてモデムチップを内蔵したチップセット「Kirin 990 5G」を開発しており、他社のモデムチップに依存することなく5G対応を進めることができています。アップルが行おうとしていることをすでに実現していることこそが、ファーウェイ最大の強みといえるでしょう。

　しかし同社は**米国・商務省のエンティティリストに追加される**など、米国から制裁を受けたことで、端末事業の今後は不透明となっています。その最大の理由はGoogleの「Android」が米国製であり、今後Android、さらには**Googleが提供するサービスを搭載したスマートフォンを開発できなくなっている**ことです。

　そうしたことからファーウェイは、その代替となる**独自OS「Harmony OS」の開発を発表**しました。制裁の影響に対抗するべくさまざまな策を打ち出し、事業継続の可能性を模索しています。

2018年のスマートフォン出荷台数シェア

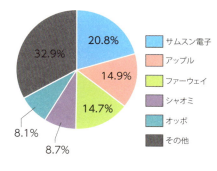

◀ファーウェイは2018年通期では市場シェア3位だが、四半期ベースではアップルを抜くことも増えている（米IDC発表資料を基に作成）。

モデムチップも独自開発できるのが強み

◀傘下のハイシリコン・テクノロジーを通じて独自のチップセットやモデムチップを開発し、自社製品に搭載できるのがファーウェイの最大の強みとなる。

5G対応スマートフォン「HUAWEI Mate X」

◀ディスプレイを直接折りたためる「HUAWEI Mate X」は、5G対応スマートフォンとして中国で販売された。

055

5G対応スマートフォンを積極投入するサムスン電子

折りたたみスマートフォンでは積極性が裏目に

スマートフォン市場でアップル、ファーウェイをしのぐ世界首位のシェアを獲得しているのが、「Galaxy」ブランドで知られる韓国のサムスン電子です。

サムスン電子はいち早く5Gのサービスを開始した韓国がお膝元ということもあって、他社に**先駆けて5G対応のスマートフォンを提供**しています。その第1弾となったのが「Galaxy S10 5G」です。

これは2019年に発売された「Galaxy S10」シリーズの5G版で、ARコンテンツが楽しみやすいよう距離を測定するカメラを搭載するなど、先進性をアピールした内容となっています。

その後もサムスン電子は、ペン操作が特徴となる「Galaxy Note 10/10+」の5G版を投入するなど、積極的に5G対応スマートフォンを投入。猛追するファーウェイなど中国メーカーに差をつけるべく、**着々と5G端末の投入を進めている**ようです。

しかしその積極さが裏目に出てしまったのが「Galaxy Fold」です。これは先のGalaxy S10シリーズと同じタイミングで発表された、ディスプレイを直接折りたためることのできるスマートフォンで、その画期的なしくみが大きな注目を集めました。

Galaxy Foldは2019年6月に発売する予定でしたが、発売直前のメディアレビューで故障が相次ぐなど、問題が多数発生したことで発売を急遽見送り、**延期の末リリース**されました。サムスン電子は過去にも「Galaxy Note7」でバッテリーの発火事故を起こし、販売中止となったことがあるだけに、慎重さが問われるところです。

サムスンは世界最大のスマートフォンメーカー

◀サムスン電子は有機ELなどの自社技術と、積極的なプロモーション戦略でスマートフォン世界首位を獲得。日本でも東京・原宿に旗艦店「Galaxy Harajuku」を展開している。

5Gスマートフォンも積極投入

◀米国や韓国などで販売されている「Galaxy S10 5G」を始めとして、5G対応スマートフォンを積極的に投入している。

「Galaxy Fold」は発売が延期に

◀当初米国などで2019年6月の発売を予定していたGalaxy Foldだったが、不具合の報告が相次いだことで発売が延期された。

056

台頭する中国メーカー
OPPO／vivo／シャオミ

それぞれが特徴を生かしてシェアを拡大

先行するアップルやサムスン電子などを猛追し、シェアを伸ばしているのはファーウェイだけではありません。**オッポ（OPPO）、ビボ（vivo）、シャオミ（Xiaomi）**といった中国の新興スマートフォンメーカーも、世界的にシェアを拡大し存在感を高めています。

中でも2018年に日本市場に進出し、日本での知名度を高めつつあるのがオッポです。オッポは2004年の設立ながら、カメラや急速充電などに力を入れたスマートフォンでシェアを拡大。日本でも積極的な取り組みで注目を集めており、2019年7月に実施された「Rakuten Optimism」で同社の5G端末を展示するなど、**楽天モバイルとの関係を深め**ています。

一方のビボは日本未進出ですが、中国のほか**アジアなどの新興国で若い層から支持を受け、急成長している企業**です。5Gスマートフォン「IQOO 5G」も提供しています。ちなみにビボはオッポと同様、中国のAVメーカーである歩歩高（BBK）から派生した企業という点でも共通しています。

そしてシャオミは、**コストパフォーマンスが高いスマートフォンをオンラインで販売する**という手法で急成長した企業で、現在はスマートフォン以外にも家電やアクセサリーなどを手掛けています。同社のコストパフォーマンスの高さは5Gでも生かされており、2019年に投入した「Mi Mix 3 5G」は日本円で約7万5000円という低価格で欧州市場などに投入され、話題を呼びました。2019年12月には日本市場への参入も果たしており、今後が注目される所です。

カメラ機能に力を入れるオッポ

◀オッポはカメラ機能にとても力を注いでいるメーカーの1つ。2019年に日本でも発売された「Reno 10x Zoom」は、その名前のとおり画質を落とすことなく10倍ズームを実現したことで話題になった。

オッポは楽天モバイルとの関係を強化か

◀「Rakuten Optimism」にブース出展し、5Gスマートフォンのデモを実施するなど、オッポは楽天モバイルとの距離を近づけている。

シャオミは低価格の5Gスマートフォンを提供

◀コストパフォーマンスの高さでシェアを拡大してきたシャオミは、5Gでも安価な価格を実現した「Mi Mix 3 5G」を提供して注目を集めている。

057
見通しの厳しい日本メーカー
ソニー／シャープ

端末公開で開発の進み具合をアピール

日本のスマートフォン大手となるのは、シャープ、ソニーモバイルコミュニケーションズ(以下、ソニーモバイル)、富士通コネクテッドテクノロジーズ、京セラの4社ですが、海外のスマートフォンメーカーに押される形で、市場での存在感を失っているのが現状です。そうした中でも5Gに積極的な取り組みを見せているのが、シャープとソニーモバイルです。

両社はともに、2019年7月にソフトバンクが実施した5Gのプレサービスに5Gの試験用端末を提供するなど、端末を実際に公開することで開発が進んでいる様子をアピールしています。**両社の5G端末はそれぞれ、最新のフラッグシップモデル「Xperia 1」「AQUOS R3」を5Gに対応させるべくやや大型化したもの**です。いずれも**サブ6だけでなく、ミリ波にも対応**するとしています。

なお、両社はともに欧州などでもスマートフォンを販売していますが、主な市場は日本となるため、日本で5Gの商用サービスが開始する**2020年春から5Gスマートフォンを本格的に投入する**と見られています。

なお、富士通コネクテッドテクノロジーズはすでに5G対応の端末を開発していることを表明していることから、今後の動向が注目されるところです。京セラは、スマートフォンには今後あまり力を入れず、IoT用の通信モジュールを通信事業の主力商品としていく方針を示していたのですが、米国での5Gの盛り上がりを受け、一転して米国での5Gスマートフォン投入を打ち出しています。

国内メーカーの5Gスマートフォン開発状況

シャープ	2019年5月に5G試験端末を公開 国内の商用サービス開始に向け開発を進めている
ソニーモバイル	2019年2月に5G試験端末を公開 ハイエンドモデルを軸に開発
富士通コネクテッドテクノロジーズ	2020年に5Gスマートフォンの投入を表明 ハイエンドモデルを軸に開発
京セラ	米国での5Gスマートフォン提供を発表

▲シャープとソニーモバイルはすでに5Gスマートフォンの試験端末を公開しており、富士通コネクテッドテクノロジーズも2020年中の5Gスマートフォン投入を表明している。

シャープの5G試験端末

◀シャープは2019年5月に5Gの試験端末を公開。同年発売の「AQUOS R3」をベースとしたもので、ソフトバンクの5Gプレサービスなどでも使われている。

ソニーモバイルの5G試験端末

◀ソニーモバイルは2019年2月の「MWC 2019」で5Gの試験端末を披露。こちらは「Xperia 1」をベースにしたもので、ミリ波にも対応している。

058

5Gに向けて求められる
サービス開発

多くの実証実験の中からキラーサービス・デバイスが生まれる

　ネットワークや端末など、ハード面での整備は着実に進んでいる5Gですが、その整備が進んだあとで重要になってくるのが、実際に5Gを活用するサービスです。確かに5Gに対しては多くの人が期待を寄せていますが、その多くは漠然としたもので、具体的な取り組みが示されているわけではありません。

　4Gのときはスマートフォンがけん引役となってスムーズに普及しましたが、5Gでもスマートフォンがけん引役になるかというと、それは疑問です。5Gの高速大容量通信は、スマートフォンにとってオーバースペックといえるくらい性能が高いので、その可能性は低いといわざるを得ません。

　そこで期待されているのは、やはり高速大容量だけでなく、低遅延、多数同時接続など、5Gの特徴をフルに生かしたデバイスやサービスです。実際多くの携帯電話会社が、5Gを活用した自動運転や遠隔医療、ファクトリーオートメーション、さらにはゲーミングなどに至るまで、**さまざまな分野でのサービス開拓に向けた実証実験**を進めています。

　そしてそうした取り組みの中から、5Gのキラーとなるサービスやデバイスが登場してくるものと考えられています。スマートフォンで成功した企業が大きな成長を遂げたように、**5Gのキラーとなるサービスなどを実現できた企業が次の10年で大きな成長を遂げることになるでしょう**し、それによって世界の産業構造は大きく変えることにもなるかもしれないだけに、注目されるところです。

5Gのキラーは見つかっていない

▲4Gのときはスマートフォンがキラーデバイスとなって普及をけん引したが、5Gではそうしたキラーとなるサービスやデバイスが見つかっていない。

さまざまな取り組みからキラーが生まれる

▲5Gでは各社がさまざまなサービスを模索し、そうした中からキラーとなるサービスなどが出てくるものと期待されている。

059
ソフトバンクとトヨタ自動車が モネ・テクノロジーズを設立

自動運転やMaaSの実現に5Gを活用する

　5Gと自動車を活用したサービス開発の中でも、注目されるのが**「MaaS」**です。これは移動をサービスとして捉える概念で、ITを活用し公共交通やカーシェア、ライドシェアなど**さまざまなモビリティを活用したサービスを、一元的に提供して移動を効率化する**というものです。これがマイカーに代わる存在になるとして、大きな期待を集めています。

　そのMaaSの実現に向けては、ソフトバンクがトヨタ自動車と2018年9月に**「モネ・テクノロジーズ」**を設立したことが大きな話題となりました。同社にはのちに本多技研工業や日野自動車なども参加し、国内でのMaaS実現に向けた大きな勢力となる様相を見せています。

　同社はトヨタ自動車の**コネクテッドカー基盤**と、ソフトバンクの**IoT基盤を連携**、自動車のセンサーから得られたデータを収集し、移動に関するサービスを提供するとしています。サービス開始当初は衰退する地方交通の足をカバーするべく、**乗り合いタクシー業務**を始めていくとしていますが、将来的には、トヨタ自動車の次世代電気自動車「e-Palette」を活用し、**車をスペースとして物流からサービスなど幅広い用途に活用**することを検討しているようです。

　そのために同社は「MONETコンソーシアム」を設立し、さまざまな企業とサービス開発に向けた取り組みを進めているとのことです。今後そうしたサービスに5Gが入り込み、移動のあり方を大きく変える可能性は高いといえそうです。

トヨタ自動車とソフトバンクが共同出資で設立

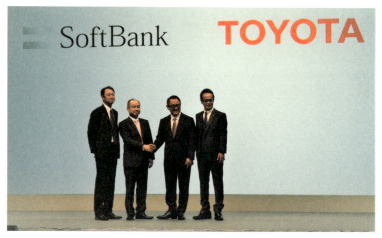

▲モネ・テクノロジーズはトヨタ自動車とソフトバンクが共同で設立し、MaaS事業に取り組むことで大きな注目を集めた。

将来「e-Palette」で提供されるサービス

▲モネでは車を"場所"として活用し、その中でさまざまなサービスを提供することを検討しているという。

060
クラウドゲーミングの覇権を狙う Google vs ソニー＆Microsoft

覇権争いがゲーム業界のプレーヤーを再編

5Gのキラーサービスになり得る可能性を秘めているものの1つにクラウドゲーミングが挙げられますが、そのクラウドゲーミングをめぐって、2019年に大きな動きが相次いで起きています。

それは2019年11月に、**Googleが独自のクラウドゲームサービス「STADIA」の提供を開始**したことです。STADIAはプレーヤー1人当たりに割り当てられるクラウドの性能が、高価格なゲーミングパソコン並みと非常に性能が高く、Webブラウザ「Chrome」さえあれば**性能の低いハードでも本格的なゲームが楽しめる**というのが最大の特徴です。その性能の高さゆえ、**従来のゲームの概念を大きく覆す**として話題となりました。

そうしたGoogleの動きに対抗心を燃やしているのが、家庭用ゲーム機で高いシェアを持つソニー・インタラクティブエンタテインメント（以下、SIE）とMicrosoftです。両社ともクラウドゲームにも力を入れており、**SIEはすでに「PlayStation Now」を提供、Microsoftも「Project xCloud」を提供予定**です。

しかし両社とも、GoogleのSTADIAの発表に危機感を抱いたことから、ライバルながらクラウドゲーム分野で提携。Microsoftのクラウド**「Microsoft Azure」を活用したクラウドゲームサービスを共同開発**するとしています。

5Gでクラウドゲーミングに対するニーズが急速に拡大していけば、競争は一層激化してくるでしょうし、それがゲーム業界のプレーヤーを再編することにもつながってくるかもしれません。

クラウドゲーム「STADIA」のしくみ

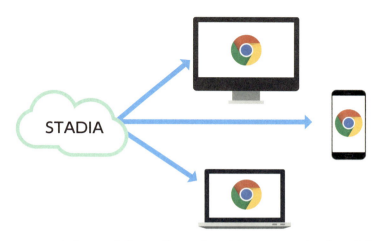

▲STADIAはゲーミングパソコン並みのパワーを持ったクラウドでゲームを処理し、ネットワークを通じてChrome搭載デバイスで快適にゲームを楽しめる。

SIEとMicrosoftの提携で何が起きるか

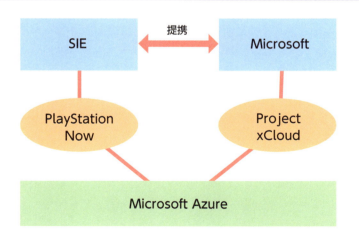

▲SIEとMicrosoftの提携で、両社はクラウドゲームのプラットフォームでは競争を続けると見られるが、基盤となるクラウドにはMicrosoft Azureを使う。

Column

不安が残るスタートとなった楽天モバイル

　2019年10月に、携帯電話事業者として新規参入を果たした楽天モバイルは、今後5Gにも大きく関わってくるプレーヤーの1つですが、そのスタートは決して順調なものとはいえませんでした。

　というのも、楽天モバイルが当初提供したサービスは、東京23区と大阪市、名古屋市にエリアが限定されているのに加え、利用できるのはこれらの地域と神戸市の在住で、なおかつ抽選に当選した5000人の「無料サポータープログラム」の会員に限定されていたのです。しかも利用者は、最大で2020年3月末まで無料で通話やデータ通信が利用できる代わりに、通信品質のテストやアンケートに答える必要があります。

　そのサービス内容を見るに、正式サービスといいながらも実態は試験サービスというべき内容だったことがわかります。楽天モバイル側によると、その理由は同社が全面的に導入するNFVの検証を慎重に進めるためとしていますが、実のところは基地局の整備が計画より大幅に遅れているためと見られています。

　実際、楽天モバイルは総務省から2019年3月、6月、そして8月と3度にわたって基地局整備の遅れに対して指導を受けたほか、サービス開始後にも屋内などで接続がしづらいなどの問題が発生し、やはり総務省から聞き取り調査や指導を受けています。

　基地局を設置するには設置場所を確保して実際に工事をする必要がありますが、新規参入の楽天はそのノウハウが不足していることから不安する向きが少なくありませんでした。一連の出来事でその不安が的中してしまっただけに、楽天モバイルには早急な体制の立て直しが求められるところでしょう。

Chapter 5

どうなる!?
5Gが実現する
未来と課題

061
5Gの理想と現実①
開始当初は「高速大容量」のみ

5Gのすべての恩恵を受けるには2～3年の期間が必要

　ここまで、5Gによって社会に大きな変化が起きることを説明してきました。それだけ5Gには今、非常に大きな期待が寄せられていることは確かですが、その一方で私たちは、5Gの現実も知っておく必要があるでしょう。

　それはここまで説明してきた5Gの内容のすべてが、サービス開始当初から実現できるわけではないということです。すでに多くの国でサービスが提供されている5Gですが、実は現在、5Gが持つ3つの特徴のうち、**実現できているのは「高速大容量通信」のみ**なのです。

　その理由は第3章でも触れたとおり、**国内外の多くの携帯電話会社は、当初はNSA仕様で5Gのネットワークを運用**するためです。4Gの設備を用いるNSAでは、そちらに性能に引きずられてしまうため、5Gのほかの特徴を生かすことはできないのです。

　それゆえ低遅延など5Gのほかの特徴を実現するには、**すべてのネットワーク設備が5G仕様となるSAに移行する必要**があり、それには**導入から2～3年は待つ必要がある**といわれています。ゆえに5Gが導入されたからといって、すぐ低遅延による自動運転などが実現するわけではないのです。

　また、5Gのもう1つの特徴である多数同時接続に関しては、実はまだ3GPPでの標準化が完了していません。したがってIoTに対応できる5Gのネットワークが登場するには、低遅延の実現よりもさらに時間がかかってしまうのです。

NSAでは5Gの性能をフル発揮できない

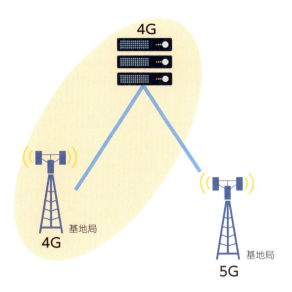

▲4Gのネットワークをベースとして5Gによる通信を実現するNSA運用では、4Gのネットワーク性能に引きずられるため高速大容量以外の性能を発揮できない。

多数同時接続は標準化の最中

	Release 15	Release 16
高速大容量通信	○	○
低遅延	△	○
多数同時接続	×	○

▲現在「5G」として提供しているネットワークは、3GPPの「Release 15」に基づいたもの。多数同時接続は「Release 16」で標準化がなされるため、実はまだ実現できていない。

062

5Gの理想と現実②
5Gのエリアはすぐには広がらない

特定基地局のカバー範囲は携帯電話会社に任されている

5Gの現実としてもう1つ、知っておく必要があるのはエリア展開についてです。5Gでは国が地方への展開に力を入れるとしていることから、サービス開始当初から全国でくまなく5Gが利用できると見る向きもあるようですが、実際はそうではありません。

その理由は**「基盤展開率」**にあります。第1章で説明したとおり、総務省が5Gの電波免許割り当て時に、評価基準の1つとして10km四方メッシュの4500区画のうち、5年以内に「高度特定基地局」を展開する割合（基盤展開率）を設定しています。それゆえ**基盤展開率が97.02%と最も高いNTTドコモであっても、その実現には5年かかってしまう**可能性が高いのです。

しかも高度特定基地局はあくまでその地域全体を支える"親"となる基地局で、実際にメッシュ内をくまなくカバーするには、そこからさらに"子"となる特定基地局を設置していく必要があります。たとえ特定基地局を90%以上設置したといっても、特定基地局をどこまで整備するかは各社の判断によるところが大きく、**必ずしもメッシュ内をくまなくカバーしてくれるわけではない**のです。

また携帯電話会社はあくまで民間企業なので、収益性があまり見込めない地方への投資はなるべく抑えたいというのが本音でもあります。したがって、とくに地方における5G展開は当面、特定の工場や医療施設など、事業可能性のある場所だけをピンポイントでエリア化し、それ以外は4Gのみで賄うという判断をする可能性も大いに考えられるのです。

「高度特定基地局」と「特定基地局」

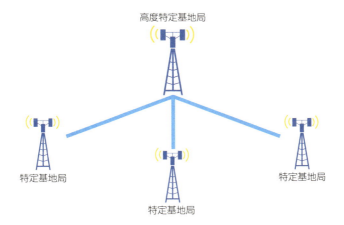

▲基盤展開率の基準となる高度特定基地局はメッシュの基盤となる基地局であり、メッシュ内を面的にカバーするためには、そこから特定基地局を設置していく必要がある。

都市部と地方の整備には差が生じる可能性もある

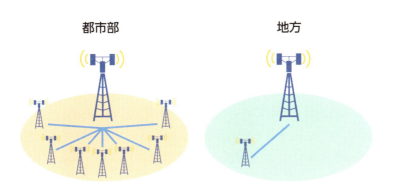

▲人口が多く収益が見込める都市部には多数の特定基地局を設置してメッシュ内をくまなくカバーする一方、収益が見込みにくい地方のメッシュ内カバーは限定的となる可能性も高い。

063

5Gの理想と現実③ 国が推進する「スマホ値引き規制」が普及を妨げる

高額にならざるを得ない5G端末とどう折り合いをつけるか

国内における5Gの普及を見据えるうえで、現在不安視されているのが、国が推し進める**スマートフォンの値引き規制**です。

日本の携帯電話会社はかねてより、端末を大幅に値引いて販売し、その値引き分を毎月の通信料から回収するという販売手法を取っており、最新の高性能スマートフォンが激安価格で買える一方、通信料は高止まり傾向にあり、端末を買い替えない人はむしろ損となっていました。

そうしたことから2015年には安倍晋三首相、2018年には菅義偉官房長官が、通信料金の値下げに言及。それを受けて総務省が、高止まりの要因となっている端末の値引きや、契約を長期間拘束する割り引きなどを規制する取り組みを推し進めてきました。その結果、**2019年10月には通信契約に紐づく端末代の値引きを禁止**し、通信契約に紐づかない端末代の値引きも2万円を上限にするなど、厳しい規制を盛り込んだ**電気通信事業法の改正**がなされました。

これによって従来のようなスマートフォンの大幅な値引きが困難となったわけですが、そこで問題となっているのが5Gです。なぜなら海外の事例を見ても5G対応のスマートフォンは現在、10万円前後はするのがあたりまえで、当初国内に投入される機種も高額なものが多いと予想されるからです。それにもかかわらず大幅値引きが規制されたことから、**日本では5Gスマートフォンが売れず、普及が他国より大きく遅れてしまうことが懸念**されているのです。

行政主導で進む端末値引き規制

▲スマートフォンの過度な値引き販売を問題視する総務省は、有識者会議「モバイル市場の競争環境に関する研究会」を実施するなどして値引き規制に力を入れてきた。

電気通信事業法改正による変化

通信契約に紐づく端末値引きを禁止 「分離プラン」を義務化	「2年縛り」の違約金は上限を1000円に
通信契約に紐づかない端末値引きは2万円まで	長期契約者向けの割り引きは1か月の通信料まで

▲2019年10月の電気通信事業法改正で、通信契約に紐づいた端末代の値引きが禁止されたほか、いわゆる「2年縛り」の違約金上限が1000円となるなど厳しい規制がなされている。

064
5Gの次の標準仕様
「Release 16」とは?

5Gは進化し続けるがゆえにサービス内容も流動的に

2019年現在、5Gとしてサービスが提供されているのは、3GPPの「Release15」という仕様に則った内容となっています。しかし先にも触れたとおり、このRelease15で5Gのすべての仕様が満たされているわけではなく、現在も標準化作業は進められています。

そして現在、3GPPで主として標準化作業が進められているのが、**次の仕様となる「Release16」**です。これは2019年～2020年頭頃の標準化作業完了が予定されており、2020年には仕様が公開される予定となっています。

そのRelease16で標準化が進められているのは、5Gの3つの特徴のうち、後回しとされていた**IoT向けの多数同時接続に関する仕様**のほか、**さらなる低遅延の強化**に関する仕様、**自動車向け通信システム「V2X」**に関する仕様などの予定です。またWi-Fiに用いられている2.4GHz帯など、免許不要で利用できる周波数帯での5G運用の検討もなされるようです。

ちなみに3GPPでは、次の標準化仕様となる**「Release17」の策定も2020年より進められる予定**とされています。こちらでは52.6GHzより一層高い周波数帯の活用に向けた検討がなされるほか、IoTやV2X向け機能の強化、NOMAの導入に向けた検討などがなされると見られています。

そうしたことから5Gは現在もなお進化中で、現状の仕様がすべてではないのです。5Gで実現できるとされるもののいくつかは、10年後まで待たないといけない可能性もあります。

3GPPの標準化スケジュール

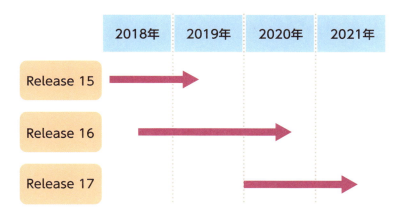

▲3GPPでは2019年末から2020年頭にかけて、Release 16の主要な仕様策定をする予定としており、Release 17の仕様策定は2021年の完了が予定されている。

Releaseによる注力ポイント

Release 15	●高速大容量通信を主体とした5Gの基本的な仕様 ●NSA/SA のネットワーク仕様
Release 16	●多数同時接続などIoT向け仕様 ●V2Xに関する仕様 ●免許不要で利用できる帯域での使用
Release 17	●より高い周波数帯の活用 ●IoT/V2X の高度化 ●NOMA の導入も検討？

▲Release 15では5Gの早期提供を目指すべく、ニーズの高い高速大容量通信が優先されたことから、Release 16は低遅延や多数同時接続など、IoT向けに関する仕様が中心となる。

5 どうなる!? 5Gが実現する未来と課題

60分でわかる！ 5Gビジネス 最前線　143

065
5Gで進むキャリア同士の インフラシェアリング

コストを抑え地方のインフラを整備する切り札に

電波が遠くに飛びにくい5Gの高い周波数で広いエリアをカバーするには、スモールセルを多数配置する必要がありますが、そのためには大きく2つの課題があります。

1つは**設置場所**です。携帯電話の基地局を設置するには地権者に許諾を取る必要がありますが、すでに多数の基地局が設置されている現状を考えると、都市部を中心に場所の確保が難しくなっているのです。

そしてもう1つは**コストの問題**です。スモールセルで多数の基地局を設置・運用するとなると大きなコストがかかりますが、日本の人口は減少傾向にあるためキャリアは投資を抑えたいのが本音です。

それでもキャリアは、5Gの免許獲得時に総務省に申請した5年以内の基盤展開率をクリアし、国が力を入れる地方へのエリア拡大も進めなければなりません。そこで最近浮上してきているのが**「インフラシェアリング」**です。

これはアンテナを設置する鉄塔や基地局などを、複数のキャリアでお金を出し合って整備し、**共同で利用**するというものです。設置場所と投資コストの問題をクリアしながら、早期のエリア整備を実現できるのがメリットです。

とくに採算性が低い地方においては、インフラシェアリングを積極化していく可能性が高いと見られています。実際、KDDIとソフトバンクは2019年7月に、両社が保有する基地局資産を相互利用して地方の5Gネットワークの早期整備を進めると発表しています。

インフラシェアリングとは

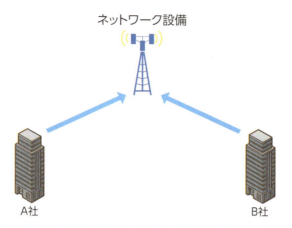

▲従来は1つの会社が自社専用のネットワーク設備を敷設していたが、それを複数の会社で敷設し、共同で運用することでコストを抑えるのがインフラシェアリングとなる。

国内のインフラシェアリングに向けた動き

▲KDDIとソフトバンクは2019年より、地方の5Gネットワークを早期に整備するため基地局資産の相互運用に関する実証実験を開始している。

066
5G対応スマートフォンは
いつ安くなる?

5Gに対応した低価格モデル向けのチップセットが待たれる

現在提供されている5Gスマートフォンは、海外で販売されているものの事例を見ても10万円前後と非常に高額なものが多く、それが現在、5Gの普及を妨げる要因の1つとなっていることは確かです。

なぜ5Gスマートフォンが高いのかというと、現状5G通信ができるモデムチップに対応しているのが、ハイエンドスマートフォン向けのチップセットだけに限られているからです。

実際、**クアルコムの5Gモデムチップ「Snapdragon X50」に対応しているのは、現状ハイエンドモデル向けの「Snapdragon 855」のみ**です。同じクアルコムのミドル～ミドルハイクラスのスマートフォン向けチップセット「Snapdragon 6xx」や「Snapdragon 7xx」シリーズには、5Gに対応するチップセットが存在しませんでした。ゆえに5G対応スマートフォンの値段を下げるには、現状スマートフォンの機能をそぎ落とすか、本体の素材の質を下げるくらいしか方法がなく、限界があるのです。

したがって、5Gに対応した低価格モデル向けのチップセットの登場が待たれるところですが、実はクアルコムはSnapdragonの6/7シリーズの5G対応を進めており、**シャオミは「Snapdragon 765G」を搭載したスマートフォン「Redmi K30 5G」を、中国で2020年1月に発売すると発表**しています。

そのため、日本での5G商用サービス開始時には、もう少し安い5G対応スマートフォンがリリースされるかもしれません。

5Gスマートフォンは安価なモデルでも高い

▲サムスン電子がリーズナブルな5Gスマートフォンとして提供した「Galaxy A90 5G」だが、価格は749ユーロ（約8万8000円）とハイエンドモデル相応だ。

ミドルクラス向けのチップセットが5G対応に

▲クアルコムはミドルハイクラスのスマートフォンに向けた、Snapdragonの7シリーズの5G対応を進めており、「Snapdragon 765/765G」を搭載した機種が2020年初頭に発売される。

067

5GでもMVNOのサービスは使えるのか?

MVNOのサービス自由度が劇的に向上する可能性も

4G時代に急成長して大きな注目を集めたのが、SIMのみでサービスを提供し、携帯大手の半分から3分の1という、非常に安い価格でサービスを提供する**MVNO(仮想移動体通信事業者)**です。

最近では最大手の楽天モバイルが携帯電話会社への移行を表明したほか、携帯大手が低価格なサブブランドに力を入れるようになったことで存在感が薄くなっているMVNOですが、それでも大手にはない低価格、かつ独自性の強いサービスを提供する通信会社として、MVNOには現在も注目が集まっています。

では5G時代も、MVNOは5Gのネットワークを用いたサービスを提供できるのでしょうか。結論からいうと、**MVNOも5Gのネットワークを利用したサービスが提供できる**ようになることは事実上決まっているのです。

その理由は、5Gの電波免許割り当て時の審査基準として、MVNOへのネットワーク提供があるかという項目が設けられていたことです。総務省はこれまでMVNOへのネットワーク開放に力を入れてきたことから、5GでもMVNOへのネットワーク提供に向けた議論が現在進められている最中なのです。

ちなみにMVNOの団体である「一般社団法人テレコムサービス協会　MVNO委員会」は、5Gに向け、**ネットワークスライシングを活用してコアネットワークの仮想基盤を自ら持つ「フルVMNO」**を提案しました。これが実現するとMVNOのサービス自由度が劇的に向上することから、議論の行く末が注目されます。

5G免許申請時に各社が申請したMVNO数

	NTTドコモ	KDDI	ソフトバンク	楽天モバイル
MVNO数／ MVNO契約数 （L2接続に限る）	24社／ 850万契約	7社／ 119万契約	5社／ 20万契約	41社／ 70.6万契約※

※審査では明確な根拠が示されていないため、評価されていない。

▲総務省の5Gの免許割り当て審査では、MVNOへのネットワーク提供も審査対象となっていたことから、各社ともネットワーク提供を想定するMVNOの数を申請している。なお、「L2接続」とは、「パケット」を携帯電話会社からMVNOに中継する装置を、MVNO側が管理することによってMVNOが独自性の強いサービスを提供できるしくみ。

「フルVMNO」のしくみ

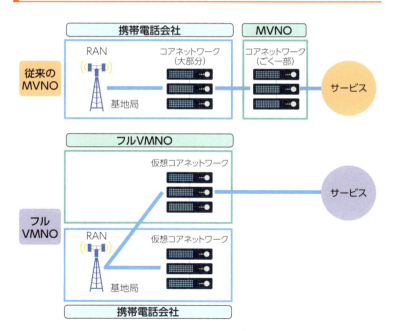

▲コアネットワークをネットワークスライシングによって仮想化し、それを自ら持つのがフルVMNO。従来のMVNOより一層自由度の高いサービスを提供できるようになる。

068
5Gとともに
eSIMが普及するのか?

デバイス内部に組み込める内蔵型のSIM

2018年発売の「iPhone XS」「iPhone XS Max」などに搭載されたことで、注目されている**「eSIM」(Embedded SIM)**も、5G時代に普及する可能性のある存在といえるでしょう。

携帯電話で通信するのに必要な情報を備えたSIMは、ICカード型でスマートフォンなど通信する機器に挿入して使用するのが一般的です。しかしeSIMは、端末の中に組み込んでおけるSIMとなります。

なぜeSIMが生まれたのかというと、主として産業界からのニーズが高かったためです。たとえばモバイル通信機能を備えた自動車を製造して輸出し、それぞれの国で通信機能を利用する場合、当然ながら国によって携帯電話会社が異なるため、国ごとに対応するSIMを挿入し、管理しなければならず非常に煩雑です。

そうしたことから、**あらかじめSIMを機器に組み込んでおき、遠隔でその内容を書き換える**ことで、SIMの挿入や管理の手間を省くためにeSIMが登場したというわけです。しかもeSIMは組み込み型なので、搭載するデバイスの形状に対して制限も少ないことからIoTデバイスとの親和性が高く、IoTの利用が増える5G時代にはeSIMの利用が広がる可能性が高いと考えられています。

一方スマートフォンに関しては、遠隔で契約だけでなく解約もかんたんにできてしまうeSIMの特性もあり、携帯電話会社が対応したがらないのが現状です。しかし、今後はiPhone以外にも**eSIM搭載スマートフォンが増える**と見られており、5G時代にはeSIMが一般化する可能性もありそうです。

端末内に組み込める「eSIM」

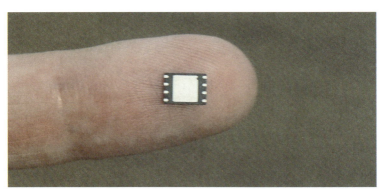

▲eSIMはあらかじめ端末内に組み込んでおけるSIMのこと。それゆえICカードサイズである必要はなく、非常に小型のチップとして提供されることが多い。

iPhoneはすでにeSIM対応

▲2018年発売の「iPhone XS」「iPhone XS Max」「iPhone XR」以降、iPhoneはすべて通常のSIMとeSIMのデュアルSIM構造となっている。

069

光回線不足が指摘される
ダークファイバー問題とは？

無線基地局から先の通信を考えると光回線は重要

5Gの普及とともに懸念が高まると見られているのが、光回線の不足です。

5Gでは光回線並みの高速通信を実現するとされていることから、光回線は不要と考える人も中にはいるかもしれません。しかし5Gであっても、無線基地局から先の通信を担っているのは光回線でもあることから、5G時代になっても光回線は欠かすことのできない存在なのです。

しかし5Gになると、その光回線の利用が増えてダークファイバー、つまり、まだ使われていない光回線の在庫が足りなくなることが指摘されています。その理由は5Gの特性にあります。

ここまで何度か触れてきたとおり、5Gに使用する電波は周波数が高く遠くに飛びにくいので、広いエリアをカバーするには**今まで以上に多くの基地局を設置する必要**があります。そうするとより多くの基地局を接続するため、従来より多くのダークファイバーを借りる必要が出てくることから、**5Gの基地局が増えるにつれダークファイバーの在庫が不足するのではないか**といわれているわけです。

そうしたことから、1本の**光回線を途中で複数に分岐**させ、そこから複数の基地局を接続するしくみを導入したり、光回線だけでなく**マイクロ波を使って基地局と接続**したりするなど、さまざまな手法を用いてダークファイバーの在庫不足を防ぐ取り組みが検討されているようです。

5Gでも光回線は重要

▲端末と基地局でのやり取りは無線だが、それ以降のネットワークは基本的に有線となることから、5Gでも光回線は必要不可欠な存在となる。

ダークファイバーの在庫不足は防ぐ必要がある

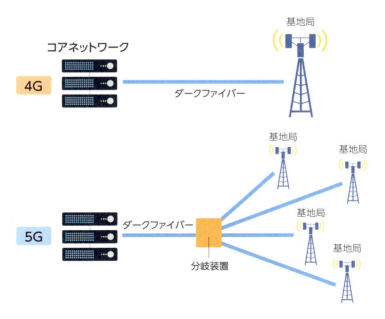

▲高い周波数帯を用いる5Gでは、広範囲をカバーするのに基地局を多数設置する必要があり、それを結ぶ光回線が多数必要になる。そのため分岐技術によって光回線不足問題を解消しようとする動きもある。

070

商用サービス開始前に5Gを体験するには?

5G体験イベントは今後も各地で開催されると予想

　ここまで5Gに関するさまざまな説明をしてきましたが、では実際に、5Gに関心を持った人たちが、2020年春の商用サービス開始前に5Gを体験するにはどうすればよいのでしょうか。

　5Gを体験する場所に力を入れているのがNTTドコモです。同社は2018年より、東京のスカイツリータウン内の**「東京ソラマチ」内に、5Gを体験できる「PLAY 5G 明日をあそべ」をオープン**しており、5G通信を活用したARやVRのコンテンツなどを実際に楽しむことができます。

　そしてもう1つ、常設で5Gを体験できる場となるのが、東京・大阪・名古屋のドコモショップ4店舗です。これらには2019年9月より**「5G体験コーナー」**が設置されており、5G対応スマートフォンなどを用いたコンテンツやサービスを体験できるようになっています。

　またそれ以外にも、各社はこれまで、国内のさまざまなイベントに合わせて5Gが体験できる環境を提供してきました。実際2019年には、NTTドコモはラグビー W杯や東京ゲームショウ、東京国際映画祭などで、KDDIは東京モーターショウなどで、ソフトバンクはフジロックフェスティバルやバスケットボール男子の日本代表戦などで、さまざまな**5G体験イベントを実施**しています。

　こうしたイベントは商用サービス開始直前まで、全国各地で実施されると考えられます。ネットワーク整備の関係上、ある程度地域は限定されるでしょうが、今後もサービス開始前に5Gを体験できる機会がいくつか用意される可能性は高いといえそうです。

スカイツリーで5Gを体験

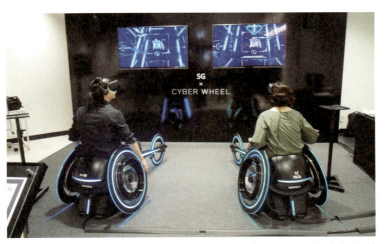

▲NTTドコモが東京スカイツリータウンで展開する「PLAY 5G 明日をあそべ」では、商用サービス開始まで5Gを活用したVRコンテンツなどの体験が可能だ。

ドコモショップでも5G体験ができる

▲東京・五反田の「d garden五反田」など、東名阪のドコモショップ4店舗で5Gの体験コーナーが常設されている。

071
さらなる未来のモバイル通信「6G」とは?

すでに踏み出している、ポスト5G、6G

　第1章でも説明したとおり、これまでの歴史を振り返ると、モバイル通信の規格は約10年ごとに入れ替わるのが通例となっています。それゆえ5Gのサービスが始まってから約10年後、つまり2030年頃には、さらに**次の世代となるモバイル通信規格「6G」が導入**されると考えられています。

　もちろん、6Gが展開されるのはまだ先ですし、5Gの標準化が途上である現在、3GPPで6Gの具体的な議論が進められているわけではありません。しかしいくつかの情報を見るに、6Gでは5Gのさらに10倍高い性能を実現するとされており、通信速度は100Gbps、ネットワーク遅延は1ミリ秒未満、同時接続デバイス数は、1平方キロメートル当たり1000万台にまで拡大するものになると見られているようです。

　そして6Gに向けては、すでにいくつかの国で研究開発を進める動きが立ち上がり始めているようです。実際日本でも、NTTが6Gを見据えた技術として、**2018年に無線での100Gbpsデータ伝送を実現する技術開発に成功**したことを発表するなど、6Gへの導入に向けた新技術が積極的に開発されているようで、今後も大いに注目が集まるところです。

　5Gが実現するとされる要素の数々も、私たちの生活を大きく変えるものが多く、期待が持たれますが、それよりさらに高い性能を実現する6Gが、いつ、どのような形で導入され、何を実現するかということも今後期待されることになるのではないでしょうか。

「6G」はどうなる？

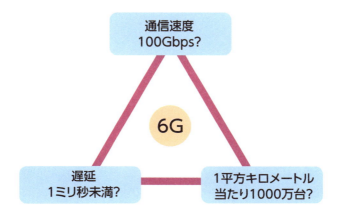

▲6Gの定義はまだ具体的に決まっているわけではないが、5Gの性能が10倍アップしたものになるという見方が出ているようだ。

NTTが推し進める次世代の革新的無線通信技術

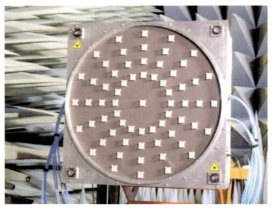

▲NTTのニュースリリースでは、28GHz帯で無線伝送を行える送受信の試作装置が公開された。高度な多重伝送技術によって実現されたこの装置は、配置されている四角い素子によって、合計21のデータ信号の同時伝送を可能とする。

Index

数字・アルファベット

1G ／ 2G ／ 3G ／ 4G	18
3GPP	20
4K	36
5G	8
5G NR	20,64
5G体験イベント	154
5Gの電波割り当て	31
5G対応スマートフォン	32,114,118,120,146
6G	156
8K	36
AI	52,60
AR	16,38
AT&T	100
eSIM	150
FDD	70
Harmony OS	120
I2V	42
IoT	8,14,48,52,54,108
iPhone	118
KDDI	106
KT	102
LGユープラス	102
LoRaWAN	92
LPWA	92
MaaS	130
Massive MIMO	76
MIMO	76
mmWave	66
MR	38
MU-MIMO	76
MVNO	148
NFV	84,110
NOMA	72
NSA	28,68,136
NTTドコモ	104
OFDM	72
O-RAN	86
Release 16	142
SA	28,68
Sigfox	92
SKテレコム	102
Snapdragon	114
Sub6	66
sXGP	90
TDD	70
VoLTE	18
VR	16,38
W-CDMA	20
Wi-Fi 6	34
XR	38

あ 行

アップル	118
インダストリー 4.0	48
インテル	116
インフラシェアリング	144
エッジサーバー	80
エリクソン	98
オッポ（OPPO）	124

か 行

拡張現実	16,38
仮想現実	16,38
基盤展開率	138
クアルコム	114
クラウドゲームサービス	132
携帯電話会社（キャリア）	94
高速大容量通信	10
高度特定基地局	30,138
高臨場ライブビューイング	40

コネクテッドカー ························ 60,130

さ 行

サブ6 ································ 66
サムスン電子 ························ 122
自動運転 ····························· 42
自動翻訳機 ··························· 58
時分割複信 ··························· 70
シャープ ····························· 126
シャオミ（Xiaomi） ··················· 124
周波数帯 ····························· 64
周波数分割複信 ······················· 70
商用サービス ······················ 22,24
スタンドアローン ···················· 28,68
スマートグラス ························ 38
スマートグリッド ······················ 54
スマートシティ ························ 54
スマートスピーカー ···················· 60
スマート治療室 ························ 44
スマートファクトリー ··················· 48
スマートモビリティ ···················· 54
スモールセル ························· 78
セルラードローン ······················ 56
センサー ····························· 52
ソニーモバイルコミュニケーションズ
································ 126
ソフトバンク ····················· 108,130

た・な 行

ダークファイバー ······················ 152
帯域幅 ······························· 64
多数同時接続 ························· 14
端末メーカー ························· 94
チップセット ························· 112
地方創生 ····························· 106
中興通訊（ZTE） ······················· 96

直交周波数分割多重 ··················· 72
通信機器ベンダー ····················· 94
低遅延技術 ··························· 12
電気通信事業法改正 ··················· 140
トヨタ自動車 ························· 130
ドローン ··························· 53,56
ネットワーク仮想化 ················· 84,110
ネットワークスライシング ······· 14,82,92
ノキア ······························· 98
ノンスタンドアローン ··········· 28,68,136

は 行

ハンドオーバー ························ 74
ビームトラッキング ···················· 74
ビームフォーミング ···················· 74
光回線 ······························· 152
非直交多元接続 ······················· 72
ビボ（vivo） ························· 124
ファーウェイ・テクノロジーズ ··· 96,120
複合現実 ····························· 38
プライベートLTE ······················ 90
プラットフォーム ······················ 106
ベライゾン・ワイヤレス ················ 100
法人向けソリューションビジネス ··· 108

ま～ら 行

マイネットワーク構想 ················· 104
マクロセル ··························· 78
マルチアングル視聴 ···················· 40
ミリ波 ······························· 66
モデムチップ ························· 112
モネ・テクノロジーズ ················· 130
モバイルエッジコンピューティング
································ 80,110
楽天モバイル ····················· 110,134
ローカル5G ························· 88,90

■ 問い合わせについて

本書の内容に関するご質問は、下記の宛先まで FAX または書面にてお送りください。
なお電話によるご質問、および本書に記載されている内容以外の事柄に関するご質問
にはお答えできかねます。あらかじめご了承ください。

〒 162-0846
東京都新宿区市谷左内町 21-13
株式会社技術評論社　書籍編集部
「60 分でわかる！　5G ビジネス 最前線」質問係
FAX：03-3513-6167

※ご質問の際に記載いただいた個人情報は、ご質問の返答以外の目的には使用いたしません。
　また、ご質問の返答後は速やかに破棄させていただきます。

---

60 分でわかる！　5G ビジネス　最前線

2020 年 2 月 6 日　初版　第 1 刷発行

著者 ……………………………… 佐野　正弘
発行者 ……………………………… 片岡　巖
発行所 ……………………………… 株式会社　技術評論社
　　　　　　　　　　　　　　　　　東京都新宿区市谷左内町 21-13
電話 ……………………………… 03-3513-6150　販売促進部
　　　　　　　　　　　　　　　　　03-3513-6160　書籍編集部
編集 ……………………………… オンサイト
担当 ……………………………… 田中　秀春
装丁 ……………………………… 菊池　祐（株式会社ライラック）
本文デザイン ……………………… リンクアップ
DTP ……………………………… あおく企画
イラスト・作図 …………………… 角　愼作・あおく企画
製本／印刷 ………………………… 大日本印刷株式会社

定価はカバーに表示してあります。

本書の一部または全部を著作権法の定める範囲を超え、
無断で複写、複製、転載、テープ化、ファイルに落とすことを禁じます。

©2020　佐野正弘

造本には細心の注意を払っておりますが、万一、乱丁（ページの乱れ）や落丁（ページの抜け）がご
ざいましたら、小社販売促進部までお送りください。送料小社負担にてお取り替えいたします。

ISBN978-4-297-11121-2　C2036

Printed in Japan